Cuadernillo Práctico de Linux 1

Baldomero Sánchez Pérez

Primera Edición
Fecha de publicación: 07/12/2017
ISBN: 978-0-244-35356-8
Editado por: Lulu.com

Este libro está dedicado a todas las personas que deseen aprender Linux y quieran formarse a nivel práctico en el sistema operativo Linux para conseguir titular en el ciclo formativo de grado medio como Técnico en Sistemas Microinformáticos y Redes o Sistemas Informáticos de Grado Superior (DAW, DAM), o simplemente adquirir la información básica de administrador en Linux.

Agradecer esa perseverancia y ansia de aprendizaje como entusiasmo que deposito en mí y en mi hermana, la que nos vio crecer y perseveró que debíamos estudiar, mi querida madre.

"Necesitas estudiar el trabajo de otras personas. Sus enfoques para la resolución de problemas y las herramientas que utilizan te dan una nueva forma de ver tu propio trabajo"

Gary Kildall

Source/Notes:
Programmers at Work (1986)

ÍNDICE

PREFACIO.

Este libro, se le denomina cuaderno práctico, porque en él se recogen los conceptos de programación didáctica, de las unidades de trabajo que forman los bloques modulares que abarca (Máquinas Virtuales, Teoría de sistemas operativos Linux y el Sistema Operativo Linux y Android). Se han recogido las unidades de trabajo organizadas en una secuencia de prácticas.

Cada práctica se encuentra organizada, con un objetivo a conseguir, la descripción de los conocimientos para el desarrollo de la práctica, los requisitos necesarios para la instalación, manejo y los pasos que se deben seguir para su desarrollo, (escuetos o amplias). Las prácticas recogen ilustraciones o resultados obtenidos, en base a una versión concreta realizada en una máquina Virtual Box.

Las prácticas contienen complementos aclaratorios, de su realización o conocimientos previos, relacionados con su desarrollo a nivel práctico o teórico. Se encuentran acompañados por viñetas o aclaración de su desarrollo, reflejadas en diferentes colores: Azul nota aclaratoria, Verde claro requisitos previos, Naranja notas importantes o precauciones.

La metodología que se emplea en el desarrollo de las prácticas es una metodología Constructivista, que parte de "De lo concreto a lo Abstracto", "De lo conocido a lo desconocido", "De lo general a lo particular". Se pretende el aprendizaje inicial "conductivista" de estructuras básicas, para posteriormente el alumno ha de ser capaz de aprender y deducir a partir de sus propias experiencias guiadas por el docente (profesor) en lo imprescindible. Aunque puede utilizarse en formación a distancia, como en la enseñanza a personas autodidactas

Los aspectos metodológicos que se pretenden aplicar en la programación se basan en la idea, que el alumno se considere parte activa de la actividad docente, fomentando el autoaprendizaje y mejorando el conocimiento en sí mismo.

Se pretende involucrar al alumno en el proceso de asimilación de nuevos conceptos y adquisición de capacidades, para preparar al alumno como miembro activo de la sociedad actual.

Todo software utilizado es GPL o Copyright © de marcas registrada en las que no se ha realizado ningún cambio, ejemplo Virtual Box de Oracle © y otras versiones LINUX son GNU General Public License (GPL).

UNIDAD DE TRABAJO I: Introducción al almacenamiento de los Sistemas Operativos Desktop.

PRÁCTICA 1: Acceder a un sistema de Ficheros NTFS desde Linux.

PRÁCTICA 2: Acceder y reparar datos de un sistema de ficheros Windows desde Linux Ubuntu.

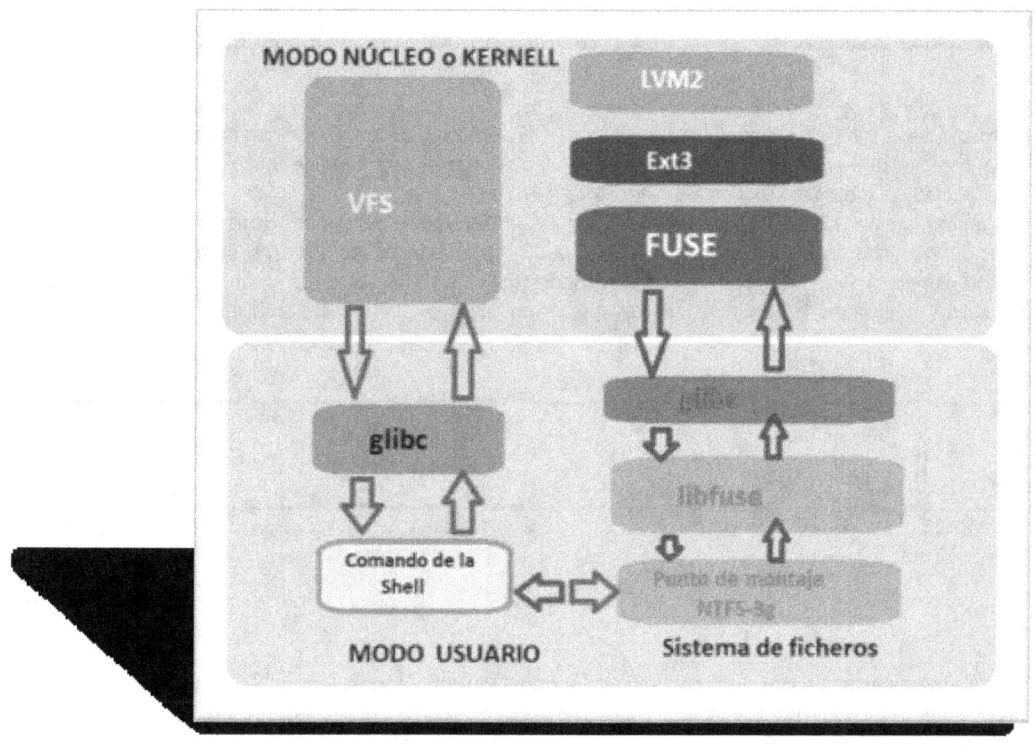

Contenidos
- Particionar unidades.
- Tipos de particiones.
- El sistema de archivos.
- Tipos de sistemas de archivos.

Ordenes

/etc/fstab, /etc/mtab
fdisk, gdisk, cgdisk,
cfdisk, mount,
umount, fsck, bklib,
tune2fs, uuidgen,
edquota, quota,
quotacheck, quotaon,
quotaoff, repquota,
warnquota

PRÁCTICA 1: Acceder a un sistema de Ficheros NTFS de Windows desde Linux.

DESCRIPCIÓN:

Windows NT fue diseñado desde el principio para ser un sistema operativo de red y multitarea que rompiese definitivamente cualquier nexo con sus ancestros MS-DOS, para lo que se diseñó un nuevo sistema de ficheros partiendo de un diseño radicalmente nuevo (no se trata por tanto de un nuevo carrozado de las FAT anteriores).

El sistema resultante, denominado NTFS ("New Technology File System") es un sistema muy robusto que permite compresión de

Formato del volumen NTFS

Sector Boot de Partición	Tabla de ficheros Maestra	Sistema de Ficheros	Área de Ficheros

ficheros uno a uno; un protocolo de autorización de uso y de atributos de fichero muy desarrollado; sistema de operación basado en transacciones; soporte RAID; posibilidad de juntar las capacidades de dos unidades en un volumen único ("Disk striping") y muchas otras mejoras, como es la capacidad de anotar clusters malos ("Hot fixing") en run-time.

Su penúltima versión, la denominada NTFS 5, incorporada en Windows 2000, dispone de algunas otras características avanzadas, como soporte de encriptación de ficheros incorporado en el propio SO; propiedades de ficheros basados en identificadores persistentes de usuario (ya no es necesario identificar a los ficheros mediante sus terminaciones), e identificación única de todos los objetos del sistema de archivos que permite, entre otras cosas, que un archivo pueda ocupar distintos volúmenes (ficheros

MFT Registro de ficheros pequeños o Directorios

Información Estándar	Nombre de Ficheros de Dictorio	Descriptores de Seguridad	Indice de Datos	

multivolumen). Aunque naturalmente estas prestaciones cobran su tributo. NTFS utiliza meta-estructura muy grande, por lo que no es aconsejado para volúmenes de menos de 400 GB.

La estructura central de este sistema es la MFT ("Master File Table"), de la que se guardan varias copias de su parte más crítica a fin de protegerla contra posibles corrupciones. Al igual que FAT16 y FAT32, NTFS también utiliza agrupaciones de sectores (clusters) como unidad de almacenamiento, aunque estos no dependen del volumen de la partición. Es posible definir un clúster de 512 bytes (1 sector) en una partición de 5 MB o de 500.000 MB. Esta capacidad le hace disminuir tanto la fragmentación interna como la externa.

Uso de NTFS desde Linux (particiones ext)

Arrancar desde un Linux, se instala en memoria RAM. La estructura del sistema de ficheros se crea en memoria RAM.

Accede a visualizar todos los discos y sus particiones y se montan en el sistema de arranque.

Una vez montado accedo al directorio y esto en el sistema de ficheros del Windows.

	Grupo bloques 1						Grupo bloques 2		
Bloque de arranque	Súper-bloque			. . .	Tabla de nodos-i	Bloque de datos	Súper-bloque		. . .

Ilustración 1 Sistema de Fichero ext2

PASO 1: Arrancar desde la ISO de Linux.

Visualizar los discos y las particiones.

```
# fdisk  -l
```

```
Disk identifier: 0x7d6d76d

   Device Boot     Start        End      Blocks   Id  System
/dev/sdd1             2048   46135295   23066624    7  HPFS/NTFS/exFAT

   Disk  /dev/sda: 37.6 GB, 375809633840 bytes
255 heads, 63 sectors/track, 4568 cylinders, total 73400320 sectors
Units = sectors of 1 * 512 = 512 bytes
Sector size (logical/physicalI: 512 bytes / 512 bytes
I/O size /minimum/optimal): 512 bytes / 512 bytes
Disk identifier: 0xae4c7688

   Device Boot     Start        End      Blocks   Id  System
/dev/sde1                63    4096574    2048256    6  FAT16
/dev/sde2           4096575   26619704   11261565    f  W95 Ext'd (LBA)
/dev/sde5           4096638    6152894    1028128+   6  FAT16
/dev/sde6           6152958    8209214    1028128+   6  FAT16
/dev/sde7           8209278   10265534    1028128+   6  FAT16
/dev/sde8          10265598   12321854    1028128+   6  FAT16
/dev/sde9          12321918   14378174    1028128+   6  FAT16
/dev/sde10         14378238   16434494    1028128+   6  FAT16
/dev/sde11         16434558   19294064    1429753+   7  HTPFS/NTFS/exFAT16
/dev/sde12         20547198   22603454    1028128+   6  FAT16
/dev/sde13         22603518   26619704    2008093+   6  FAT16
```

PASO 2: Montar un sistema de ficheros.

mount

a) Crear un directorio.

mkdir	crear directorio.
cd	acceder a un directorio.
ls -l	visualizar un directorio (dir).
cd mnt	acceder al directorio mnt.
ls -l	visualizar el contenido del directorio mnt.
mkdir win7	crear el directorio win7 dentro de mnt.
mkdir winxp	crear el directorio winxp dentro de mnt al mismo nivel que win7.

b) Montar sistemas de ficheros de Windows, en un punto de montaje de Linux.

/dev/sdc1	/mnt/winxp
/dev/sde1	/mnt/win7

c) Identificados las particiones y los directorios del punto de montaje, se realiza el montaje y el acceso.

mount /dev/sdc1 /mnt/winxp
cd winxp
ls -l
cd /mnt
ls -l
mount /dev/sde1 /mnt/win7
cd /mnt/win7
ls -l

> Para realizar un montaje debo de estar fuera del
> directorio que será el punto de montaje.
> Montar Windows 7, directorio actual /mnt:
> # mount /dev/sde11   /mnt/win7
> # cd win7

d) Volver a montar un sistema de ficheros desde la línea de comandos, sin arrancar el Sistema Operativo.

mount -o remount,rw /

PASO 3: Desmontar un punto de montaje.

umount

a) Ayuda.

umount --help

b) Visualizar puntos de montajes que se encuentran actualmente montados.

mount

c) Desmontar el punto de montaje /mnt/winxp.

mount
umount /mnt/winxp
cd winxp
ls -l

Primero visualizamos los puntos de montaje, desmontamos el punto de montaje y posteriormente accedemos al directorio donde se había realizado el punto de montaje y visualizamos el contenido del directorio.

PASO 4: Montaje automático de sistemas de ficheros al arrancar

El fichero **/etc/fstab** Contiene una línea con las especificaciones de montaje de cada sistema de ficheros sobre los que trabajamos normalmente: el sistema de ficheros en el que tenemos los directorios de Linux, el /proc, la partición dos, el CDROM, y el Floppy.

El fichero /etc/fstab funciona de la siguiente manera:

a) Partimos de un ejemplo de contenido de /etc/fstab:

# <device>	<mountpoint>	<filesystemtype>	<options>	<dump>	<fsckorder>
/dev/hda2	/	ext2	defaults	1	1
/dev/hda3	/usr	ext2	defaults	1	2
/dev/sda1	/home	ext2	defaults	1	2

/dev/hdb	/mnt/cdrom	iso9660	user,noexec,nodev,nosuid,ro,noauto	0	0
/dev/fd0	/mnt/floppy	vfat	user,noexec,nodev,nosuid,rw,noauto	0	0
none	/	proc	proc defaults	0	0
/dev/hda4	swap	swap	defaults	0	0
/dev/hda1	/mnt/dos	vfat	exec,dev,suid,rw,auto	0	0

Con la información de los dispositivos de puntos de montaje de los sistemas de ficheros, el sistema operativo leería la siguiente el fichero /dev/fstab y ejecutaría los sistemas de ficheros y puntos de montaje con sus opciones y valores,

- La partición /dev/hda1 se montaría en el subdirectorio /mnt/dos
- La partición /dev/hda2 se montaría en el subdirectorio /
- La partición /dev/hda3 se montaría en el subdirectorio /usr
- La partición /dev/hda4 se montaría en el subdirectorio como swap
- La partición /dev/sda1 se montaría en el subdirectorio /home
- Proc se montaría en el subdirectorio /proc
- El sistema tendría información sobre como montar un disquete /dev/fd0 y un CD-ROM /dev/hdb, aunque no los monta automáticamente al arrancar por haber definido la opción noauto.

NOTA: Como los espacios se usan en fstab para delimitar campos, si algún campo (PARTLABEL, LABEL o el punto de montaje) contiene espacios, estos espacios deben reemplazarse por caracteres de escape \ seguidos por el código octal de 0 dígitos 040

b) Los parámetros usados en **/etc/fstab:**

En la columna de dispositivo (device) se indica el dispositivo/partición a montar, en la punto de montaje (mountpoint) se indica el directorio mediante el cual vamos a acceder al sistema de archivos. En la columna de tipo de sistema de ficheros (filesystemtype) se indica el sistema de ficheros que se usara sobre el dispositivo.

 # <device>   <mountpoint> <filesystemtype> <options>   <dump> <fsckorder>

<device>: en este campo se indica el dispositivo o la partición donde se encuentra el filesystem, actualmente se muestra el UUID.

Identificación del dispositivo	Descripción
/dev/sda1	El nombre del dispositivo. (Estándar)
LABEL=SISTEMA-OPERATIVO	Se asigna la etiqueta como identificador del sistema de ficheros.
UUID= cbf5fdfb-ff17-4b38-9ee6-57492ba5482	Se utiliza UUID= seguido del UUID sin comillas.
PARTLABEL=SISTEMA-ARRANQUE	Se utiliza la etiqueta como identificación del sistema de ficheros GPT label.
PARTUUID= cbf5fdfb-ff17-4b38-9ee6-57492ba5482d	Se identifica la partición UUID propia de gestores de arranque GPT UUID, usa los valores UUID sin comillas.
//host/comparte	Se identifica el nombre del servidor y el recurso compartido.
/dev/sdg1	Cargar dispositivos externos.
UUID=47FA-4071	Espacio de archivos indica la ruta de los archivos.

Ejemplos:

```
/dev/sda2              none         swap       defaults            0       0
/dev/sda3              /home        ext4       defaults,noatime    0       2
LABEL=DATA      /home ext4    rw,relatime,discard,data=ordered    0       2
UUID=CBB6-24F2                      /boot vfat
rw,relatime,fmask=0022,dmask=0022,codepage=437,iocharset=iso8859-1,shortname=mixed,errors=remount-ro 0       2
PARTUUID=039b6c1c-7553-4455-9537-1befbc9fbc5b none  swap   defaults    0       0
PARTLABEL=HOME                      /home ext4    rw,relatime,discard,data=ordered 0       2
UUID=47FA-4071     /home/username/Camera\040Pictures   vfat  defaults,noatime     0   0
/dev/sda7      /media/100\040GB\040(Storage)     ext4  defaults,noatime,user  0   2
/dev/sdg1      /media/backup    jfs    defaults,nofail,x-systemd.device-timeout=1   0   2
//192.168.2.100/comparte    /net/share  cifs  noauto,nofail,x-systemd.automount,x-systemd.requires=network-
online.target,x-systemd.device-timeout=10,workgroup=workgroup,credentials=/foo/credentials      0   0
UUID=47FA-4071     /home/username/Camera\040Pictures   vfat  defaults,noatime     0   0
/dev/sda7      /media/100\040GB\040(Storage)     ext4  defaults,noatime,user  0   2
```

<mountpoint>: aquí va el punto de montaje para el dispositivo especificado.

<filesystemtype>: el tipo de sistema de archivos. Puede tomar varios valores, entre los que se destacan: *ext2, ext3, ext4, iso9660, nfs, ntfs, reiserfs, smbfs, swap, vfat, xfs.*

<option>: en esta columna van las opciones para el montaje del filesystem. Son muchas y a continuación se mencionan las más comunes. Para un listado más completo se pueden leer el manual del comando mount y el del nfs (para los parámetros específicos de nfs).

<options>	<dump>	<fsckorder>
defaults	1	1
defaults	1	2
defaults	1	2
user,noexec,nodev,nosuid,ro,noauto	0	0
user,noexec,nodev,nosuid,rw,noauto	0	0
proc defaults	0	0
defaults	0	0
exec,dev,suid,rw,auto	0	0

Las opciones del campo <options>	
<options>	**DESCRIPCIÓN**
user, nouser	permite/no permite a un usuario ordinario montar el sistema de ficheros.
suid, nosuid	Permite/no permite tener ficheros con el bit de usuario definido.
auto/noauto	Indica que sí/no se monta cuando hacemos mount -a.
defaults	Aplica las opciones rw, suid, dev, exec, auto, nouser, async.
exec/noexec	Permite/no permite la ejecución de binarios.
ro, rw	Montar sólo lectura, lectura-escritura.
sync/async	Todos los accesos I/0 al sistema de ficheros se realizarán en modo síncrono/asíncrono.
dev/nodev	Interpreta/no interpreta los dispositivos especiales de bloques/caracteres en el sistema de ficheros

<dump>: esta columna indica a la utilidad dump si debe o no hacer backup del filesystem. Puede tomar dos valores: 0 y 1. Con 0 se indica que no se debe backupear, con 1 que sí se haga. Lógicamente, depende de que se tenga instalado y configurado dump, por lo que en la mayoría de los casos este campo es 0.

<fsckorder>: en este caso se trata de una indicación para el fsck (comando que chequea el filesystem) y nuevamente se define con un valor numérico. Las posibilidades son 0, 1 y 2. El 0 indica que el filesystem no debe ser chequeado, mientras que el 1 y el 2 le dicen a fsck que sí lo chequee. La diferencia es que el 1 representa una prioridad mayor que el 2, por lo que debe utilizarse para el sistema raíz y el 2 para el resto de los sistemas de archivos.

c)   Los diferentes tipos de Sistemas de ficheros que soportados en /etc/fstab

TIPO	DESCRIPCIÓN
auto	intenta descubrir automáticamente el sistema de archivos
iso9660	sistema de archivos de: CD y DVD
ext2	sistema de archivos nativo de GNU/Linux
ext3	sistema de archivos nativo de GNU/Linux
ext4	sistema de archivos nativo de GNU/Linux
reiserfs	sistema de archivos nativo de GNU/Linux
msdos	sistema de archivos FAT
fat	sistema de archivos FAT16
vfat	sistema de archivos FAT32
ntfs	sistema de archivos NTFS en modo lectura
ntfs-3g	sistema de archivos NTFS en modo lectura y escritura
smbfs	sistema de archivos del servidor SAMBA
nfs	sistema de archivos de red NFS de GNU/Linux
hfs	sistema de archivos de Apple Macintosh
hfsplus	sistema de archivos de Apple Macintosh
ncpfs	sistema de ficheros de Novell NetWare.

PASO 5: Ejecutar el fichero /etc/fstab de nuevo sin arrancar el sistema operativo de nuevo

Permite cargar de nuevo la configuración que se encuentra almacenada en el fichero **/etc/fstab**, sin necesidad de arrancar, realiza un nuevo montaje de las UUID y el punto de montaje.

        mount -a

Consultar los sistemas de ficheros montados

        mount

PASO 6: Visualizar el UUID de los dispositivos.

        blkid

a)   Por defecto, visualiza los sistemas de ficheros montados con sus UUID.

        blkid

```
[   408.636167] print_req_error: I/O error, dev fd0, sector 0
/dev/sda1: UUID="bnx2oE-UtGp-oGAW-evKJ-E3vM-fN27-8KsAvM"  TYPE="LVM2_member" PARTUUID="937101c5-01"
/dev/mapper/ubuntusvr1710--vg-root: UUID="1c78bb35-0c3a-4b5c-9e3b-60669ea69333"  TYPE="ext4"
/dev/mapper/ubuntusvr1710--vg-swap_1: UUID="50e6d52e-14ab-48ce-be11-3e60e29329cb"  TYPE="swap"
```

b)   Visualizar todos los sistemas de ficheros, en una única columna, como si fuera una enumeración.

        bklid -k
        linux_raid_member
        dff_raid_member
        isw_raid_member
        ....

c)   Recolección de basura. Aparecen de nuevo los dispositivos que se encuentran en memoria.

        blkid –c /dev/null

```
[   408.636167] print_req_error: I/O error, dev fd0, sector 0
/dev/sda1: UUID="bnx2oE-UtGp-oGAW-evKJ-E3vM-fN27-8KsAvM"  TYPE="LVM2_member" PARTUUID="937101c5-01"
/dev/mapper/ubuntusvr1710--vg-root: UUID="1c78bb35-0c3a-4b5c-9e3b-60669ea69333"  TYPE="ext4"
/dev/mapper/ubuntusvr1710--vg-swap_1: UUID="50e6d52e-14ab-48ce-be11-3e60e29329cb"  TYPE="swap"
```

d)   No visualizar el carácter no imprimible. En este caso aparece lo mismo que el caso c).

        blkid -d

e)   Formatos de visualizar la salida (-o| --output format): full, value, list, device, udev, export.

        blkid -o value
        blkid -o list

```
root@ubuntusvr1710:~# blkid   -o   list
device                               fs_type            mount      UUID
-------------------------------------------------------------------------------------------------
[ 2736.416114] print_req_error:  I/O  error,  dev fd0, sector 0
/dev/sda1                            LVM2_mem           (in use)   bnx2oE-UtGp-oGAW-evKJ-E3vM-fNN27-8KsAvM
/dev/mapper/ubuntusvr171--vg-root    ext4               /          1c78bb35-0c3a-4B5C-9e3b-60669ea69333
/dev/mapper/ubuntusvr171--vg-swap_1  swap               [SWAP]     50e6d52e-14ab-48ce-be11-3e60e29329cb
```

f)   Probar todos los sistemas excepto los RAIDs.

        blkid --- probe –usages /dev/sda1

```
/dev/sda1:   PART_ENTRY_SCHEME="dos"   PART_ENTRY_UUID="937101c5-01"   PART_ENTRY_TYPE="0x8e"   PART_ENTRY_FLAGS="0x80"
PART_ENTRY_NUMBER="1" PART_ENTRY_OFFSET="2048"  PART_ENTRY_SIZE="266334208"  PART_ENTRY_DISK="8:0"
```

g) Otra forma de visualizar los UUIDs de dispositivos montados en LINUX, se encuentran ubicados los enlaces en el directorio /dev/disk/by-uuid

ls -l /dev/disk/by-uuid

```
lrwxrwxrwx 1 root root  10  nov 26  08:37  1c78bb35-0c3a-4b5c-9e3b-60669ea69333 -> ../../dm-0
lrwxrwxrwx 1 root root  10  nov 26  08:37  50e6d52e-14ab-48ce-be11-3e60e29329cb -> ../../dm-1
```

h) Consultar la UUID de una partición concreta.

tune2fs -l /dev/sda1 | grep UUID

blkid /dev/sda1

PASO 7: Generar un UUID, para luego asignarlo a un dispositivo.

uuidgen

a) Genera por defecto una nueva UUID, de forma aleatoria.

uuidgen

cbf5fdfb-ff17-4b38-9ee6-57492ba5482d

PASO 8: Asignar una UUID nueva a un dispositivo.

tune2fs

a) Se utiliza la **UUID** generada por uuidgen y se asigna al nuevo dispositivo.

tune2fs – U 'cbf5fdfb-ff17-4b38-9ee6-57492ba5482d' /dev/sda2

PASO 9: Averiguamos la etiqueta del sistema filesystem

blkid

a) Averiguar el sistema de ficheros consultando toda la información de un sistema de ficheros por su UUID

blkid /dev/sda1

/dev/sda1: UUID="bnx2oE-UtGp-oGAW-evKJ-E3vM-fN27-8KsAvM" TYPE="LVM2_member" PARTUUID="937101c5-01"

b) Visualizar la etiqueta de un sistema de ficheros con tune2fs.

tune2fs -l /dev/sda1 | grep "Filesystem volume name"

PASO 10: Establecer la etiqueta del sistema filesystem

tune2fs

a) Cambiar la etiqueta de un sistema de ficheros.

tune2fs -L "SISTEMA-OPERATIVO" /dev/sda1

PASO 11: Contiene una lista del sistema de ficheros montados fichero /etc/mtab

mtab tiene una estructura muy similar al fichero **fstab**, la diferencia es que **fstab** es un archivo de configuración que contiene los sistemas de ficheros que deben ser montado en el tiempo de ejecución, así como sus puntos de montaje, mientras que **mtab**, simplemente lista los sistemas de ficheros montados en este momento.

cat /etc/mtab

```
root@ubutnusvr1710:~# cat   /etc/mtab
sysfs    /sys sysfs  rw,nosuid,nodev,noexec,relative  0  0
proc /proc proc  rw, nosuid,nodev,noexec,relative  0  0
udev /dev devtmpfs  rw, nosuid,relative,size=436664k,nr_inodes=109116,mdode=775  0  0
devpts /dev/pts devpts  rw,nosuid, noexec,relatime, size=92616k,ptmxmode=000 0  0
tmpfs /run tmpfs rw,nosuid,noexec,relatime,size=92616k,mode=755  0  0
/dev/mapper/ubuntusvr1710--vg-root   /  ext4 rw,relatime,errors=remount-ro,data=ordered 0   0
securityfs  /sys/kernel/security securityfs rw,nosuid,nodev,noexec,relatime 0  0
tmpfs  /dev/shm tmpfs rw,nosuid,nodev  0  0
tmpfs  /dev/lock tmpfs rw,nosuid,nodev,noexec,relatime,size=5120k  0  0
tmpfs  /sys/fs/cgroup tmpfs ro,nosuid,nodev, noexec,mode=755  0  0
cgroup  /sys/fs/cgroup/unified  cgroup2  rw,nosuid,nodev,noexec,relatime  0  0
cgroup  /sys/fs/cgroup/systemd  cgroup   rw,nosuid,nodev,noexec,relatime,xattr,name=systemd  0  0
pstorfs /sys/fs/pstore pstore rw,nosuid,nodev,noexec,relatime  0  0
cgroup  /sys/fs/cgroup/devices  cgroup rw,nosuid,nodev,noexec,relatime,devices   0  0
cgroup  /sys/fs/cgroup/pids cgroup rw,nosuid,nodev,noexec,relatime,pids  0  0
cgroup  /sys/fs/cgroup/rdma cgroup rw,nosuid,nodev,noexec,relatime,rdma   0  0
cgroup  /sys/fs/cgroup/memory cgroup rw,nosuid,nodev,noexec,relatime,memory   0  0
cgroup  /sys/fs/cgroup/hugetlb cgroup rw,nosuid,nodev,noexec,relatime,hugetlb 0  0
cgroup  /sys/fs/cgroup/net_cls,net_prio cgroup rw,nosuid,nodev,noexec,relatime,net_cls,net_prio   0  0
cgroup  /sys/fs/cgroup/freezer cgroup rw,nosuid,nodev,noexec,relatime,freezer 0  0
cgroup  /sys/fs/cgroup/blkio cgroup rw,nosuid,nodev,noexec,relatime,blkio  0  0
cgroup  /sys/fs/cgroup/cpuset cgroup rw,nosuid,nodev,noexec,relatime,cpuset   0  0
cgroup  /sys/fs/cgroup/cpu,cpuacct cgroup rw,nosuid,nodev,noexec,relatime,cpu,cpuacct   0  0
cgroup  /sys/fs/cgroup/perf_event cgroup rw,nosuid,nodev,noexec,relatime,perf_event  0  0
sustemd-1  /proc/sys/fs/binfmt_misc autofs rw,relatime,
fs=24,pgrp=1,timeout=0,minproto=5,maxproto=5,diret,pipe_ino=14747  0  0
hugetlbfs /dev/hugepages hugetlbfs  rw,relatime, pagesize=2M 0  0
debugfs  /sys/kernel/debug debugfs rw,relatime 0  0
mqueue  /dev/mqueue mqueue rw,relatime   0 0
fusectl  /sys/fs/fuse/connections  fusectl  rw,relatime  0  0
configfs  /sys/kernel/config     configfs  rw,relatime  0  0
lxcfs  /var/lib/lxcfs fuse.lxcfs rw,nosuid,nodev,relatime,user_id=0,group_id=0,allow_other  0  0
tmpfs  /run/user/0  tmpfs  rw,nosuid,nodev,relatime,size=92612k,mode=700 0  0
```

PRÁCTICA 2: Particiones sistema de ficheros estableciendo cuotas.

DESCRIPCIÓN:

Tipos de cuota

> Por bloques(blocks) 1 bloque = 1kb
>
> Por inodos(inodes) Un inodo = 1 archivo en enlaces simbólicos

Límites de uso:

> **HARD (duro). Por bloques o inodos,** con límite absoluto. El usuario no puede exceder ese límite.
>
> SOFT(suave), límite por bloques o inodos, es menor Que HARD. Puede ser excedido por el usuario.

Aplicando la cuota a usuarios

Hay que aplicar la cuota por usuario, aunque el sistema de archivos ya soporta cuotas y están habilitadas, por defecto ningún usuario tiene establecidas cuotas. Así que para iniciar habrá que administrar cada usuario a través del comando **edquota,** que abrirá el editor de texto que se tenga por defecto y mostrará lo siguiente:

```
# edquota -u user1
Disk quotas for user user1 (uid 502):
  Filesystem                blocks      soft      hard     inodes      soft      hard
  /dev/sda3                     56         0         0         14         0         0
```

Las columnas "blocks" e "inodes" son informativas, es decir nos indican la cantidad de bloques o inodos utilizados actualmente por el usuario, y las que podemos editar son las columnas "soft" y "hard" de cada caso. Se puede establecer valores por bloques, por inodos o ambos, hay que recordar que el límite soft debe ser menor al hard. Si se establece solo el hard, no habrá advertencias previas y el usuario ya no podrá guardar archivos cuando se llegue al valor establecido. Si se establece soft y hard, avisará cuando se rebase el límite soft y entrará en juego el periodo de gracia. Si se acaba el tiempo de gracias o se llega al hard (lo que sea primero) ya no se podrán crear más archivos hasta que no se eliminen algunos de los que se tengan actualmente.

Para modificar cuotas a nivel grupo, se usa el mismo comando pero con la opción -g (edquota -g alumnos).

Por default es modificar cuotas para ese usuario en todos los sistemas de archivos que tengan activo el control de cuotas (quotaon). Si se desea control de cuotas para un filesystem en específico entonces se agrega la opción -f:

> ```
> # edquota -u alumno1 -f /home
> (solo aplica la cuota en el sistema de archivos indicado)
> ```

PASO 1: Establecer los parámetros en el fichero /etc/fstab, crear cuotas por usuarios, grupos o ambos.

Agregar la cuota al fichero /etc/fstab, se agrega al campo de opciones, como parámetro a nivel de cuota de usuario o grupo.

a) Editar el fichero y agregar la siguientes cambios en la línea del /etc/fstab.

> ```
> # nano /etc/fstab
> /dev/sda3   /home      ext3    noatime,usrquota,grpquota  1      2
> ```

PASO 2: Verificar con el comando quotacheck

Crea, verifica o repara el control de cuotas en los sistemas que lo soporten.

> quotacheck –augmv

Se debe ejecutar de forma periódica.

> quotacheck –ugmv /home

a) El sistema está listo para manipular cuotas de usuario, esto lo podemos comprobar porque en la raíz del sistema de archivos soportado con cuotas deben existir los archivos "aquota.user" y "aquota.group".

> cd /home
>
> ls –l

> NOTA: quota.user y quota.group son ficheros binarios que no deben ni editarse ni modificarse.

Si existen más sistemas de ficheros con cuotas en la raíz de cada uno estarían los archivos, o solo uno dependiendo lo que se pidió, usuarios, grupos o ambos.

En sistemas con kernel 2.2 o anteriores se usaba la versión 1 de cuotas y sus archivos de control se nombraban "quota.user" y "quota.

A partir de aquí el sistema está listo para el soporte de cuotas.

PASO 3: Activar y desactivar cuotas de disco.

En caso que sigan sin ser activadas se requiere activar el soporte de cuotas, para lo cual invocamos el comando.

> **quotaon**

a) Activar la cuota usuario y grupo en el directorio /home.

> # quotaon -ugv /home
>
> /dev/sda3 [/home]: group quotas turned on
>
> /dev/sda3 [/home]: user quotas turned on

b) Desactivación de la cuota de disco.

> **quotaoff**
>
> **# quotaoff -v /home**
>
> **/dev/sda3 [/home]: group quotas turned off**
>
> **/dev/sda3 [/home]: user quotas turned off**

PASO 4: Verificar el uso de las cuotas.

El administrador 'root' puedes ver el uso de cuotas de cualquier usuario, ya sea individualmente o por medio de un resumen global.

> quota

a) Comprobar las cuotas de un usuario

```
# quota -u  alumno1
Disk quotas for user alumno1 (uid 1002):
     Filesystem  blocks   quota   limit   grace   files   quota   limit   grace
     /dev/sda3      56      70     100             14        0       0
```

b) Ver usuarios que tiene asignadas las cuotas altas, es un poco difícil calcular en términos de megas o gigas el espacio usado y los límites de cuotas:

```
# quota -u Juan
Disk quotas for user Juan (uid 1001):
     Filesystem   blocks    quota     limit    grace   files   quota   limit   grace
     /dev/sda3   42578888      0     50000000           34895     0       0
```

c) Usando la opción -s se mejora el informe.

```
# quota -s -u Juan
Disk quotas for user Juan (uid 1001):
     Filesystem   blocks    quota    limit    grace   files   quota   limit   grace
     /dev/sda3    41582M      0     48829M            34905     0       0
```

d) Ver las cuotas como usuario, sin parámetro.

```
quota
```

e) Ver informe global de las cuotas de todos los usuarios o por grupos, como "root".

```
# repquota /home
*** Report for user quotas on device /dev/sda3
Block grace time: 7days; Inode grace time: 7days
                       Block limits              File limits
User            used   soft    hard   grace    used   soft   hard   grace
----------------------------------------------------------------------
root        --  184280    0      0               11     0      0
Juan        --  42579852  0   50000000           34902  0      0
alumno1     --      56    70    100              14     0      0
alumno2     --      52     0      0              13     0      0
alumno3     --      28     0      0               7     0      0
alumno4     --      28     0      0               7     0      0
```

f) Ver los tamaños.

```
repquota  -s
```

g) Ver un informe para todos los sistemas de ficheros, que soporten cuotas.

```
repquota    -a
```

h) Si se quiere añadir un informe por grupos, por defecto se visualizar por usuarios.

```
repquota -g
```

> **NOTA:** los tiempos de gracias por usuario deben ser menores al global. Y que este empieza a correr una vez que se ha llegado al límite soft.

PASO 5: Establecer un tiempo de gracia.

A nivel global, un periodo de gracia para todos, utiliza la opción -t del comando edquota, como en el siguiente ejemplo, recuerda que debes ser "root"

a) Establecer los 7 días es el periodo por defecto, si lo cambias a digamos 12 horas, sería "12hours". El tiempo de gracia puede ser distinto para el límite soft por bloques o por inodos.

```
# edquota -t
Grace period before enforcing soft limits for users:
Time units may be: days, hours, minutes, or seconds
  Filesystem            Block grace period     Inode grace period
  /dev/sda3                   7days                  7days
```

b) Asignar el tiempo por defecto a un usuario específico.

```
# edquota -u alumno1 -T
Times to enforce softlimit for user alumno1 (uid 1002):
Time units may be: days, hours, minutes, or seconds
  Filesystem                      block grace           inode
grace
  /dev/sda3                         unset                 unset
```

> **NOTA:** si entras a editar de nuevo el tiempo de gracia del usuario (edquota -u user -T) se reflejara en segundos el tiempo que le queda, pudiéndolo aumentar de nuevo si eres "root".
> Si se deja a Cero se utiliza el global

PASO 6: Fijar cuotas de manera global a todos los usuarios

En sistemas operativo Linux si tiene pocos usuarios, establecer las cuotas usuario por usuario no representa ningún problema. Pero si hablamos por ejemplo de una universidad|instituto|administración pública, donde pudieran existir miles de cuentas entonces si es un problema establecer cuentas individualmente. Realmente no existe una manera "oficial" de establecer cuotas masivamente, sin embargo, no hay problema, usaremos un pequeño script que te permitirá realizarlo.

a) Establece la cuota que deseas globalmente en un solo usuario.

```
# edquota -u user1
Disk quotas for user user1 (uid 2002):
  Filesystem                 blocks      soft     hard    inodes    soft    hard
  /dev/sda3                    68        300      400       17       0       0
  :wq
```

b) Visualizar un resumen de cuotas.

```
# repquota
  [root@baldo ~]# repquota /home
*** Report for user quotas on device /dev/sda3
Block grace time: 7days; Inode grace time: 7days
                      Block limits              File limits
User            used   soft    hard   grace   used   soft   hard   grace
----------------------------------------------------------------------
user1       --    68    300    400             17     0      0
user2       --   352     0      0              13     0      0
user3       --    28     0      0               7     0      0
```

> **NOTA:** Solo el usuario "user1" tiene cuotas, las columnas de "grace" tendrán valores una vez que se llegue al límite soft o suave.

user4	--	28	0	0	7	0	0

c) Usaremos entonces la opción -p (protptype) para hacer duplicados a partir del ya establecido.

```
# edquota -p user1 user2
```

d) Copiar la información de límites de cuotas del "user1" al "user2", no hay límite de cuantos usuarios puedes colocar como argumentos.

```
# edquota -p user1 user2 user3 user4
```

e) Para unos cuantos usuarios pero inútil si necesitamos duplicarlo en cientos de usuarios, así que hagamos un comando compuesto que nos extraiga los nombres de los usuarios, se puede usar por ejemplo gawk o awk.

```
# gawk -F: '$3 > 999 {print $1}' /etc/passwd
user1
user2
user3
user4
```

> **NOTA:** El separador ":" de campos (-F), e indicamos como acción que en el campo 3 ($3) busquemos todos los UID mayores a 1009 y que los imprima ({print $1})..

f) Precediendo gwak por el comando junto con edquota -p

```
# edquota -p user1 `gawk -F: '$3 > 999 {print $1}' /etc/passwd`
```

g) Visualizar los días de gracia y la superación del número de bloques soft y hard superados.

```
# repquota /home
*** Report for user quotas on device /dev/sda3
Block grace time: 7days; Inode grace time: 7days
```

		Block limits			File limits			
User		used	soft	hard	grace	used	soft	hard	grace
user1	--	68	300	400		17	0	0	
user2	--	352	300	400	7days	13	0	0	
user3	--	28	300	400		7	0	0	
user4	--	28	300	400		7	0	0	

Todos los usuarios tienen las mismas cuotas que el "user1" que fue el prototipo para los demás y segundo se observa que el "usuario" que tiene 352 bloques utilizados al pasar el límite suave entro al periodo de gracia automáticamente que el global es de 7 días. En el instante que el límite superó 300, comenzó el periodo de gracia. Ahora solo podrá crear más archivos durante 7 días o cuando llegue a 400, lo primero que ocurra, claro, asumiendo que no borre archivos primeros para recuperar espacio.

> **NOTA:** El "user2" no ha llegado al límite "hard" ni ha expirado el tiempo de gracia, el sistema permite crear el archivo pero se le notifica con un warning.

PASO 7: Visualizar avisos de cuotas excedidas.

```
warnquota
```

a) Visualizar el mensaje de error al listar el sistema de ficheros de un directorio.
   Cuando un usuario llega al límite suave o soft al crear o modificar un documento, nos aparece un mensaje parecido, al que aquí se muestra.

```
baldo> ls -l > directorio.txt
sda3: warning, user block quota exceeded.
```

b) Revisar los sistemas de archivos con cuotas activas (quotaon). Revisa todos los usuarios, buscando quien ha excedido el límite de soft tanto por bloques como por inodos, al usuario que ha excedido se le envía un correo de notificación.

```
warnquota
```

c) Programar la tarea como un trabajo a realizar cada 12 horas.

```
# nano /etc/crontab
...
0 0,12 * * * root /usr/sbin/warnquota
...
```

> **NOTA** warnquota viene con los mensajes en inglés por defecto, el archivo de configuración es "/etc/warnquota.conf", es muy intuitivo y fácil de cambiar, personalízalo con los mensajes a español para que sea más fácil entender a tus usuarios que han excedido sus cuotas.

PRÁCTICA 3: Particiones sistemas de ficheros con MBR y GPT.
DESCRIPCIÓN:

Los sistemas de ficheros Linux, solo existe un directorio raíz y el punto de montaje del sistema de ficheros, en entorno texto se realizan en **/mnt** y en entorno gráfico en **/media.**

Por defecto los sistemas de ficheros que se montan en la secuencia de arranque se encuentran **/etc/fstab.**

Cuando se monta el sistema de ficheros, depende de cómo se realice:

      / --> directorio raíz en una partición

      swap --> sistema de ficheros de intercambio en otra partición. (1-2 "4").

      16 Gb de RAM --> 2 SWAP (4 Gb)

Depende de cómo quieran instalar.

      / --> partición

      /usr --> p

      /bin --> p

      /mnt

> NOTA: Existen versiones Linux, que son el patrón de desarrollo, u origen o matriz de diseño del resto de las versiones son en principio tres: Debian, Slackware, RedHAT

PASO 1: Abrir un sistema de ficheros Windows desde Linux.

a) Arrancar desde una ISO.

      Xubuntu.ISO

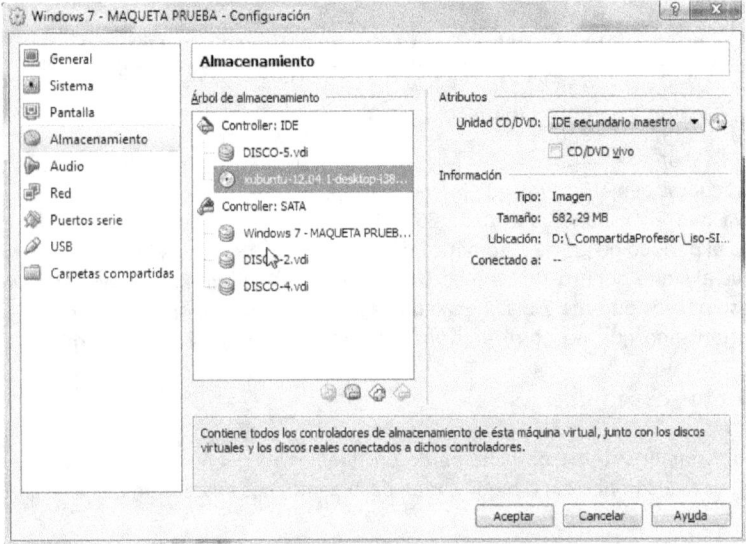

Aceptar

      Arrancar MV

         Arrancar a entorno gráfico

PASO 2: Pasar a entorno texto.

Abrir la consola 1 (tty1).

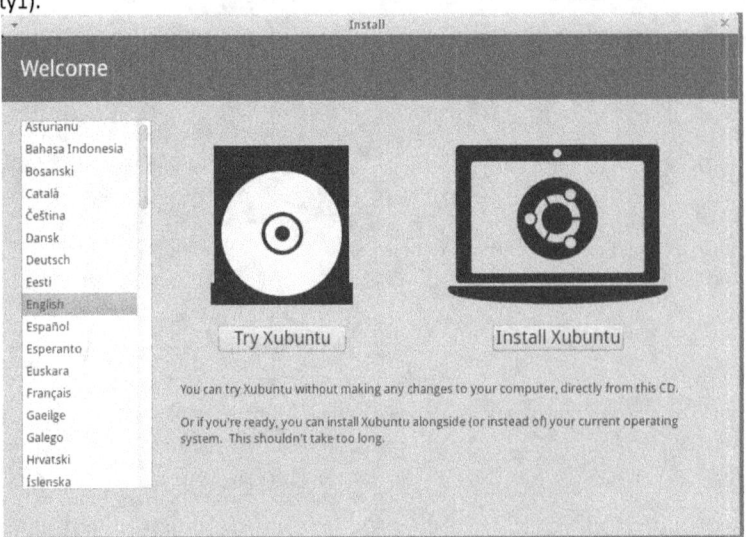

      CTRL+ALT+F1 ... F6

      CTRL+ALT+F7 ---> Entorno gráfico.

PASO 3: Trabajar en modo superusuario.

      su

$ > usuario

      # root

a) Trabajar en la Línea órdenes.
        sudo orden
        sudo su
b) En modo superusuario, se índice en el prompt con el símbolo #
        #
b.1) El root no tiene passwd.
        sudo passwd   root
        > passwd usuario actual
        > passwd root (2 veces)
                su   (usuario root)
                  : passwd
b.2) Salta login
        $ sudo su -l

PASO 4: Visualizar los sistemas de ficheros montados.
        df
        cat /etc/fstab
/etc/fstab : Es usado para definir cómo las particiones, distintos dispositivos de bloques o sistemas de archivos remotos deben ser montados e integrados en el sistema.

Cada sistema de archivos se describe en una línea separada. Estas definiciones se convertirán con **systemd** en unidades montadas de forma dinámica en el arranque, y cuando se recargue la configuración del administrador del sistema.

El archivo es leído por la orden mount, a la cual le basta con encontrar cualquiera de los directorios o dispositivos indicados en el archivo para completar el valor del siguiente parámetro. Al hacerlo, las opciones de montaje que se enumeran en fstab también se aplicarán.

PASO 5: Visualizar los discos conectados.
        fdisk -l
Gestión de la consola texto. Combinando MAY+RePag retrocedemos en los mensajes de texto en forma de SCROLL.
        MAY +   RePag
```
Disk  /dev/sda: 37.6 GB, 375809633840 bytes
255 heads, 63 sectors/track, 4568 cylinders, total 73400320 sectors
Units = setors of 1 * 512 = 512 bytes
Sector size (logical/physicalI: 512 bytes / 512 bytes
I/O size /minimum/optimal): 512 bytes / 512 bytes
Disk identifier: 0xae4c7688

    Device Boot    Start        End      Blocks   Id  System
/dev/sda1    *      2048      206847      102400    7  HPFS/NTFS/exFAT
/dev/sda2         206848    73398271    36595712    7  HPFS/NTFS/exFAT
```
Windows, al instalar el sistema:
Crear una partición para el gestor de arranque.
Para Windows es una partición de sistema.
*   Windows xp   8 Mb
*   Windows 7   100 Mb
*   Windows 8   300-340 Mb
La partición dónde está el SO. --> La partición PRINCIPAL.
a) Acceder a la partición.
        fdisk   /dev/sda
b) Acceso a la aplicación fdisk
        m ayuda.
```
root@xubuntu:~#    fdisk   /dev/sda

Command (m for help):  m
Command action
   a    toggle a bootable flag
   b    edit bsd disklabel
   c    toggle the dos compatibility flag
   d    delete a partition
   l    list known partition types
   m    print this menu
   n    add a new partition
   o    create a new empty DOS partition table
   p    print the partition table
   q    quit without saving changes
   s    create a new empty, Sun disklabel
   t    change a partition's system id
   u    change display/entry units
   v    verify the partition table
   w    write table to disk and exit
   x    extra functionality (experts only)
```
b.1) Visualizar particiones. Pulsar la letra p+[ENTER]
```
Command (m for help): p

Disk  /dev/sda: 37.6 GB, 375809633840 bytes
```

```
255 heads, 63 sectors/track, 4568 cylinders, total 73400320 sectors
Units = setors of 1 * 512 = 512 bytes
Sector size (logical/physicalI: 512 bytes / 512 bytes
I/O size /minimum/optimal): 512 bytes / 512 bytes
Disk identifier: 0xae4c7688

   Device Boot    Start        End       Blocks   Id  System
/dev/sda1    *     2048     206847      102400    7  HPFS/NTFS/exFAT
/dev/sda2        206848   73398271    36595712    7  HPFS/NTFS/exFAT
```

    b.2) Salir.

        q

        fdisk -l

a.)   Crear una nueva partición (1..4) MBR.

        fdisk /dev/sdd

        Crear un partición extendida (5....), lógicas.

                MBR --> Primaria, extendida.

                EMBR --> lógicas (5...)

                        n   nueva

                              p   primaria

                            1

                          Primer sector [ENTER]

                                +5G

                  +5120M

              n

                    p primaria

                        2

              Primer sector   [ENTER]

              2G

```
Disk  /dev/sdd: 26.8 GB, 26843545600 bytes
255 heads, 63 sectors/track, 3263 cylinders, total 52428800 sectors
Units = setors of 1 * 512 = 512 bytes
Sector size (logical/physicalI: 512 bytes / 512 bytes
I/O size /minimum/optimal): 512 bytes / 512 bytes
Disk identifier: 0xe4548064

   Device Boot    Start        End       Blocks   Id  System
/dev/sdd1          2048   10487807     5242880   83  Linux
/dev/sdd2      10487808   14682111     2097152   83  Linux
```

d.) Cambiar el tipo de sistema de ficheros.

        t

        Número: 2   partición 2

                l --> Visualizar la tabla de sistemas de ficheros.

                                          Cambia el sistema de ficheros.

e.) Visualizar la tabla de sistema de ficheros.

        82

                Visualizar p

f.) Establecer la partición activa.

        a   --> Establecer/borra la partición activa.

                Número partición: 1

                p --> visualizar

```
Disk  /dev/sdd: 26.8 GB, 26843545600 bytes
255 heads, 63 sectors/track, 3263 cylinders, total 52428800 sectors
Units = setors of 1 * 512 = 512 bytes
Sector size (logical/physicalI: 512 bytes / 512 bytes
I/O size /minimum/optimal): 512 bytes / 512 bytes
Disk identifier: 0xe4548064

   Device Boot    Start        End       Blocks   Id  System
/dev/sdd1    *     2048   10487807     5242880   83  Linux
/dev/sdd2      10487808   14682111     2097152   82  Linux swap / Solaris
```

g.) Grabar tabla y salir de fdisk.

        w

h.) Partición extendida.

        fdisk /dev/sdd

        Partición lógica.

              n

                  e

        Tamaño

              Primer [ENTER]

                  Último: +15G

i.) Borrar una partición.

              Primaria o cualquier otra.

                  d

j.) Verificar la tabla.

```
            v ---> verificar
            Command   (m for help):  v
            Remaining  37748734 unallocated 512-byte sectors
```

PASO 6: Entrar en modo experto.

Accedemos a la partición sdd y al modo experto tecleando x, nos cambia las opciones y consultamos la ayuda con m. Visualizamos la disposición de la tabla de particiones con sistema MBR o EMBR, podemos ver las 4 entradas, los Cilindros, Cabezas y Sectores.

```
        fdisk /dev/sdd
        x --> Existe un menú
            m --> ayuda
            Expert command (m for help): m
            Command action
                b    move beginning of data in a partition
                c    change number of cylinders
                d    print the raw data in the partition table
                e    list extended partitions
                f    fix partition order
                g    create an IRIX (SGI) partition table
                h    change number of heads
                i    change the disk identifier
                m    print this menu
                p    print the partition table
                q    quit without saving changes
                r    return to main menu
                s    change number of sectors/track
                v    verify the partition table
                w    write table to disk and exit
        p --> Visualizar la tabla de particiones.
            Expert command (m for help): m

            Disk  /dev/sdd: 255 heads, 63 setors, 3263 cylinders

            Nr AF  Hd Sec  Cyl  Hd Sec  Cyl      Start       Size   ID
             1 80  32  33    0 213   9  652       2048   10485760 83
             2 00 213  10  652 234  25  913   10487808    4194304 82
             3 00 234  26  913  11  19  824   14682112   31457280 05
             4 00   0   0    0   0   0    0          0          0 00
             5 00   0   0    0   0   0    0          0          0 00

        h --> Cabezas.
            200
            Expert command (m for help): h
            Number of heads (1-256, default 255): 200

            Expert command (m for help): p
            Disk  /dev/sdd: 200 heads, 63 setors, 3263 cylinders

            Nr AF  Hd Sec  Cyl  Hd Sec  Cyl      Start       Size   ID
             1 80  32  33    0 213   9  652       2048   10485760 83
             2 00 213  10  652 234  25  913   10487808    4194304 82
             3 00 234  26  913  11  19  824   14682112   31457280 05
             4 00   0   0    0   0   0    0          0          0 00
             5 00   0   0    0   0   0    0          0          0 00
```

PASO 7: Comprobar sistemas de ficheros de un Linux y Windows.

Las ordenes se encuentran en el directorio /sbin, lo primero que hacemos es visualizar las order

```
        ls -l  fs*
        fsck
```

Comprobar previamente los sistemas de ficheros que existen por cada disco.

```
        fdisk -l
```

a)   Ayuda.

```
        fsck --help
```

b)   Comprobar sistemas de ficheros Linux ext.

```
        fsck -p -f /dev/sda1
```

c)   Comprobar un sistema de ficheros Windows.

```
        fsck.msdos -a  /dev/sdb1
        fsck.ntfs  -a  /dev/sdb2
        fsck.vfat  -a  /dev/sdb3
```

```
┌─────────────────────────────┐
│    Chequear particiones     │
├─────────────────────────────┤
│ fsck                        │
│ fsck.cramfs                 │
│ fsck.ext2 ->  e2fsck        │
│ fsck.ext3 ->  e2fsck        │
│ fsck.ext4 ->  e2fsck        │
│ fsck.ext4dev ->  e2fsck     │
│ fsck.fat                    │
│ fsck.minix                  │
│ fsck.msdos -> fsck.fat      │
│ fsck.nfs                    │
│ fsck.vfat -> fsck.fat       │
│ fsfreeze                    │
│ fstab-decode                │
│ fstrim                      │
│ fstrim-all                  │
└─────────────────────────────┘
```

PASO 8: Acceder a particiones GPT.

Las órdenes que se utilizan desde la línea de comandos son: gdisk y cgdisk, disponibles para 64 bits, las prácticas están realizadas con slackware que incorpora las dos órdenes.

```
        gdisk --> básico en manejo, muy amplio.
        cgdisk --> básico en menú
```

a) Acceder a visualizar las particiones del disco /dev/sdd

```
                              cgdisk 0.8.7

                      Disk  Drive: /dev/sdd
                      Size:  83886080,  40.0 GiB

   Part.  #      Size        Partition Type               Parition Name
   ----------------------------------------------------------------------
                 16.0 GiB    free space
                 16.0 GiB    free space
                 16.0 GiB    free space
                 16.0 GiB    free space
                 16.0 GiB    free space
                 16.0 GiB    free space
                 16.0 GiB    free space
                 16.0 GiB    free space
                 16.0 GiB    free space
                 40.0 GiB    free space
                 16.0 GiB    free space
                 1007.0 KiB  free space
      1          10.0 GiB    Linux filesystem             Linux filesystem
      2          16.0 GiB    Linux filesystem                    Linux filesystem
      3          1024.0 MiB  Linux filesystem                    Linux filesystem
                 1024.0 kiB  free space_

     [ Align  ]    [ Backup ]   [  Help  ]    [  Load  ]   [  New   ]    [ Quit  ]
     [ Verify ]    [ Write  ]

                         Create new partition from free space
```

gdisk   /dev/sdd   --> 8 Gbytes

```
GPT    fdisk  (gdisk)   version 0.8.7

Partition table scan:
    MBR:    MBR only
    BSD:  not present
    APM: not present
    GPT: not present

******************************************************************
Found invalid GPT and valid MBR; converting MBR to GPT format
in memory. THIS OPERATION IS PROTENTIALLY DESTRUCTIVE! Exit by
typing  'q' if you don't  wat  to convert your MBR partitions
to GPT format!
******************************************************************

Command (? for help):  _
```

q --> salir

gdisk /dev/sdd

        ? --> ayuda

b) Visualizar las particiones.

```
p
Disk  /dev/sdd: 83886080 sectors, 40.0 GiB
Logical sector size: 512 bytes
Disk identifier (GUID): 4C28E8BD-5677-4E78-9D6A-E1EE795CCBA2
Partition table holds up to 128 entries
First usable sector is 34, last usable sector is 83886046
Partitions will be aligned on 2048-sector boundaries
Total free space is 83886013 sectors (40.0 GiB)

Number   Start   (sector)     End   (sector)    Size         Code        Name
```

c) Borrar particiones.

Lo normal es borrar las particiones lógicas, cuando se han borrado todas se borran la partición extendida, y luego se borrar las particiones primarias.

        Borrar la extendida --> hay extendida en MBR

        GPT --> No existen particiones extendidas, todas son lógicas.

        Hay que borrarlas todas, una por una

PASO 9: Crear particiones GPT.

    gdisk /dev/sdb

```
GPT fdisk (gdisk) version 1.0.3

Partition table scan:
  MBR: protective
  BSD: not present
  APM: not present
  GPT: present

Found valid GPT with protective MBR; using GPT.
```

a) Una vez que hemos accedido Mostrar la ayuda.

```
Command (? for help): ?
b       back up GPT data to a file
c       change a partition's name
d       delete a partition
i       show detailed information on a partition
l       list known partition types
n       add a new partition
o       create a new empty GUID partition table (GPT)
p       print the partition table
q       quit without saving changes
r       recovery and transformation options (experts only)
s       sort partitions
t       change a partition's type code
v       verify disk
w       write table to disk and exit
x       extra functionality (experts only)
?       print this menu
```

b) Crear una nueva partición GPT.

n --> nueva partición

1..128 --> 1

TIPO (P/LOGICAS) --> NO EXISTE, SON TODAS POR IGUAL

[SECTOR DE INICIO] <enter>

[Sector Final] +4G

Se muestran todos los nuevos tipos de sistemas de ficheros ya se utilizan 16 bits, 2 bytes. Desde 0000 a FFFF

```
Command (? for help): n
Partition number (1-128, default 1):
First sector (34-83886046, default = 2048) or {+-}size{KMGTP}:
Last sector (2048-83886046, default = 83886046) or {+--}size{KMGTP}:_
```

Visualizar la lista de los tipos de particiones en gdisk

```
Command (? for help): l
0700 Microsoft basic data   0c01 Microsoft reserved    2700 Windows RE
3000 ONIE boot              3001 ONIE config           3900 Plan 9
4100 PowerPC PReP boot      4200 Windows LDM data       4201 Windows LDM metadata
4202 Windows Storage Spac   7501 IBM GPFS               7f00 ChromeOS kernel
7f01 ChromeOS root          7f02 ChromeOS reserved      8200 Linux swap
8300 Linux filesystem       8301 Linux reserved         8302 Linux /home
8303 Linux x86 root (/)     8304 Linux x86-64 root (/   8305 Linux ARM64 root (/)
8306 Linux /srv             8307 Linux ARM32 root (/)   8400 Intel Rapid Start
8e00 Linux LVM              a000 Android bootloader     a001 Android bootloader 2
a002 Android boot           a003 Android recovery       a004 Android misc
a005 Android metadata       a006 Android system         a007 Android cache
a008 Android data           a009 Android persistent     a00a Android factory
a00b Android fastboot/ter   a00c Android OEM            a500 FreeBSD disklabel
a501 FreeBSD boot           a502 FreeBSD swap           a503 FreeBSD UFS
a504 FreeBSD ZFS            a505 FreeBSD Vinum/RAID     a580 Midnight BSD data
a581 Midnight BSD boot      a582 Midnight BSD swap      a583 Midnight BSD UFS
a584 Midnight BSD ZFS       a585 Midnight BSD Vinum     a600 OpenBSD disklabel
a800 Apple UFS              a901 NetBSD swap            a902 NetBSD FFS
a903 NetBSD LFS             a904 NetBSD concatenated    a905 NetBSD encrypted
a906 NetBSD RAID            ab00 Recovery HD            af00 Apple HFS/HFS+
af01 Apple RAID             af02 Apple RAID offline     af03 Apple label
Press the <Enter> key to see more codes:
af04 AppleTV recovery       af05 Apple Core Storage     af06 Apple SoftRAID Statu
af07 Apple SoftRAID Scrat   af08 Apple SoftRAID Volum   af09 Apple SoftRAID Cache
b300 QNX6 Power-Safe        bc00 Acronis Secure Zone    be00 Solaris boot
bf00 Solaris root           bf01 Solaris /usr & Mac Z   bf02 Solaris swap
bf03 Solaris backup         bf04 Solaris /var          bf05 Solaris /home
bf06 Solaris alternate se   bf07 Solaris Reserved 1     bf08 Solaris Reserved 2
bf09 Solaris Reserved 3     bf0a Solaris Reserved 4     bf0b Solaris Reserved 5
c001 HP-UX data             c002 HP-UX service         e100 ONIE boot
e101 ONIE config            ea00 Freedesktop $BOOT     eb00 Haiku BFS
ed00 Sony system partitio   ed01 Lenovo system partit   ef00 EFI System
ef01 MBR partition scheme   ef02 BIOS boot partition    f800 Ceph OSD
f801 Ceph dm-crypt OSD      f802 Ceph journal          f803 Ceph dm-crypt journa
f804 Ceph disk in creatio   f805 Ceph dm-crypt disk i   fb00 VMWare VMFS
fb01 VMWare reserved        fc00 VMWare kcore crash p   fd00 Linux RAID
```

b) Crear una nueva partición Swap.

n

2

[ENTER]

+2G

8200

c) Visualizar las particiones

p

d) Crear una partición con todo el espacio disponible.

n

3

[enter]

[enter]

8300

e) Establecer la partición activa.

?

x --> modo experto

```
Expert command (? for help): ?
a       set attributes
c       change partition GUID
d       display the sector alignment value
e       relocate backup data structures to the end of the disk
f       randomize disk and partition unique GUIDs
g       change disk GUID
h       recompute CHS values in protective/hybrid MBR
i       show detailed information on a partition
j       move the main partition table
l       set the sector alignment value
m       return to main menu
n       create a new protective MBR
o       print protective MBR data
p       print the partition table
q       quit without saving changes
r       recovery and transformation options (experts only)
s       resize partition table
t       transpose two partition table entries
u       replicate partition table on new device
v       verify disk
w       write table to disk and exit
z       zap (destroy) GPT data structures and exit
?       print this menu
```

a --> asignar atributos.

3 [ENTER]

```
Expert command (? for help): a
Partition number (1-3): 1
Known attributes are:
0: system partition
1: hide from EFI
2: legacy BIOS bootable
60: read-only
62: hidden
63: do not automount

Attribute value is 0000000000000000. Set fields are:
  No fields set

Toggle which attribute field (0-63, 64 or <Enter> to exit):
```

0 --> PARTICION DE SISTEMA

[ENTER]

w --> Guardar.

NOTA: la SWAP *NO PUEDE SER PARTICIÓN ACTIVA.*

f) Listar las particiones de una unidad GPT

gdisk /dev/sdd

```
Disk   /dev/sdd:  42.9 GB, 42949672960 bytes
256 heads, 63 sectors/track, 5201 cylinders, total 83886080 sectors
Units = sectors of 1 * 512 = 512 bytes
Sector size  (logical/physical):  512 bytes / 512 bytes
I/O size (minimum/optimal): 512 bytes / 512 bytes
Disk  identifier: 0x00000000
```

Device Boot	Start	End	Blocks	Id	System
/dev/sdd1	1	83886079	41943039+	ee	GPT

PASO 10: Particiones en UBUNTU 18.04

a) Ayuda.

fdisk /dev/sdb

```
Command (m for help): m

Help:

  Generic
   d   delete a partition
   F   list free unpartitioned space
   l   list known partition types
   n   add a new partition
   p   print the partition table
   t   change a partition type
   v   verify the partition table
   i   print information about a partition

  Misc
   m   print this menu
   x   extra functionality (experts only)

  Script
   I   load disk layout from sfdisk script file
   O   dump disk layout to sfdisk script file

  Save & Exit
```

```
    w   write table to disk and exit
    q   quit without saving changes

  Create a new label
    g   create a new empty GPT partition table
    G   create a new empty SGI (IRIX) partition table
    o   create a new empty DOS partition table
    s   create a new empty Sun partition table


Command (m for help):
```

b) Visualizar la tabla de particiones.

```
Command (m for help): p
Disk /dev/sdb: 14,4 GiB, 15472047104 bytes, 30218842 sectors
Units: sectors of 1 * 512 = 512 bytes
Sector size (logical/physical): 512 bytes / 512 bytes
I/O size (minimum/optimal): 512 bytes / 512 bytes
Disklabel type: gpt
Disk identifier: E41DAAC3-C6C9-4457-BE66-EE3E0B83BDD7

Device        Start       End   Sectors  Size Type
/dev/sdb1      2048      4095      2048   1M BIOS boot
/dev/sdb2      4096  25169919  25165824  12G Linux filesystem
/dev/sdb3  25169920  30216191   5046272  2,4G Linux swap
```

c) Visualizar información de las particiones.

```
Command (m for help): i
Partition number (1-3, default 3): 1

           Device: /dev/sdb1
            Start: 2048
              End: 4095
          Sectors: 2048
             Size: 1M
             Type: BIOS boot
        Type-UUID: 21686148-6449-6E6F-744E-656564454649
             UUID: 9209D771-01B6-40DF-AC19-069143B767AE
```

d) Listar el espacio libre para las particiones.

```
Command (m for help): F
Unpartitioned space /dev/sdb: 1,3 MiB, 1339904 bytes, 2617 sectors
Units: sectors of 1 * 512 = 512 bytes
Sector size (logical/physical): 512 bytes / 512 bytes

    Start       End Sectors  Size
30216192  30218808    2617  1,3M
```

e) Listar los tipos de particiones que se pueden crear o asignar. Aparece el número que identifica el tipo partición y su GUID (Globally Unique IDentifier).

```
Command (m for help): l
 1 EFI System                  C12A7328-F81F-11D2-BA4B-00A0C93EC93B
 2 MBR partition scheme        024DEE41-33E7-11D3-9D69-0008C781F39F
 3 Intel Fast Flash            D3BFE2DE-3DAF-11DF-BA40-E3A556D89593
 4 BIOS boot                   21686148-6449-6E6F-744E-656564454649
 5 Sony boot partition         F4019732-066E-4E12-8273-346C5641494F
 6 Lenovo boot partition       BFBFAFE7-A34F-448A-9A5B-6213EB736C22
 7 PowerPC PReP boot           9E1A2D38-C612-4316-AA26-8B49521E5A8B
 8 ONIE boot                   7412F7D5-A156-4B13-81DC-867174929325
 9 ONIE config                 D4E6E2CD-4469-46F3-B5CB-1BFF57AFC149
10 Microsoft reserved          E3C9E316-0B5C-4DB8-817D-F92DF00215AE
11 Microsoft basic data        EBD0A0A2-B9E5-4433-87C0-68B6B72699C7
12 Microsoft LDM metadata      5808C8AA-7E8F-42E0-85D2-E1E90434CFB3
13 Microsoft LDM data          AF9B60A0-1431-4F62-BC68-3311714A69AD
14 Windows recovery environment DE94BBA4-06D1-4D40-A16A-BFD50179D6AC
15 IBM General Parallel Fs     37AFFC90-EF7D-4E96-91C3-2D7AE055B174
16 Microsoft Storage Spaces    E75CAF8F-F680-4CEE-AFA3-B001E56EFC2D
17 HP-UX data                  75894C1E-3AEB-11D3-B7C1-7B03A0000000
18 HP-UX service               E2A1E728-32E3-11D6-A682-7B03A0000000
19 Linux swap                  0657FD6D-A4AB-43C4-84E5-0933C84B4F4F
20 Linux filesystem            0FC63DAF-8483-4772-8E79-3D69D8477DE4
21 Linux server data           3B8F8425-20E0-4F3B-907F-1A25A76F98E8
22 Linux root (x86)            44479540-F297-41B2-9AF7-D131D5F0458A
23 Linux root (ARM)            69DAD710-2CE4-4E3C-B16C-21A1D49ABED3
24 Linux root (x86-64)         4F68BCE3-E8CD-4DB1-96E7-FBCAF984B709
25 Linux root (ARM-64)         B921B045-1DF0-41C3-AF44-4C6F280D3FAE
26 Linux root  (IA-64)         993D8D3D-F80E-4225-855A-9DAF8ED7EA97
27 Linux reserved              8DA63339-0007-60C0-C436-083AC8230908
28 Linux home                  933AC7E1-2EB4-4F13-B844-0E14E2AEF915
29 Linux RAID                  A19D880F-05FC-4D3B-A006-743F0F84911E
30 Linux extended boot         BC13C2FF-59E6-4262-A352-B275FD6F7172
31 Linux LVM                   E6D6D379-F507-44C2-A23C-238F2A3DF928
32 FreeBSD data                516E7CB4-6ECF-11D6-8FF8-00022D09712B
33 FreeBSD boot                83BD6B9D-7F41-11DC-BE0B-001560B84F0F
34 FreeBSD swap                516E7CB5-6ECF-11D6-8FF8-00022D09712B
35 FreeBSD UFS                 516E7CB6-6ECF-11D6-8FF8-00022D09712B
36 FreeBSD ZFS                 516E7CBA-6ECF-11D6-8FF8-00022D09712B
37 FreeBSD Vinum               516E7CB8-6ECF-11D6-8FF8-00022D09712B
38 Apple HFS/HFS+              48465300-0000-11AA-AA11-00306543ECAC
39 Apple UFS                   55465300-0000-11AA-AA11-00306543ECAC
40 Apple RAID                  52414944-0000-11AA-AA11-00306543ECAC
41 Apple RAID offline          52414944-5F4F-11AA-AA11-00306543ECAC
42 Apple boot                  426F6F74-0000-11AA-AA11-00306543ECAC
43 Apple label                 4C616265-6C00-11AA-AA11-00306543ECAC
44 Apple TV recovery           5265636F-7665-11AA-AA11-00306543ECAC
45 Apple Core storage          53746F72-6167-11AA-AA11-00306543ECAC
```

```
46 Solaris boot                    6A82CB45-1DD2-11B2-99A6-080020736631
47 Solaris root                    6A85CF4D-1DD2-11B2-99A6-080020736631
48 Solaris /usr & Apple ZFS        6A898CC3-1DD2-11B2-99A6-080020736631
49 Solaris swap                    6A87C46F-1DD2-11B2-99A6-080020736631
50 Solaris backup                  6A8B642B-1DD2-11B2-99A6-080020736631
51 Solaris /var                    6A8EF2E9-1DD2-11B2-99A6-080020736631
52 Solaris /home                   6A90BA39-1DD2-11B2-99A6-080020736631
53 Solaris alternate sector        6A9283A5-1DD2-11B2-99A6-080020736631
54 Solaris reserved 1              6A945A3B-1DD2-11B2-99A6-080020736631
55 Solaris reserved 2              6A9630D1-1DD2-11B2-99A6-080020736631
56 Solaris reserved 3              6A980767-1DD2-11B2-99A6-080020736631
57 Solaris reserved 4              6A96237F-1DD2-11B2-99A6-080020736631
58 Solaris reserved 5              6A8D2AC7-1DD2-11B2-99A6-080020736631
59 NetBSD swap                     49F48D32-B10E-11DC-B99B-0019D1879648
60 NetBSD FFS                      49F48D5A-B10E-11DC-B99B-0019D1879648
61 NetBSD LFS                      49F48D82-B10E-11DC-B99B-0019D1879648
62 NetBSD concatenated             2DB519C4-B10E-11DC-B99B-0019D1879648
63 NetBSD encrypted                2DB519EC-B10E-11DC-B99B-0019D1879648
64 NetBSD RAID                     49F48DAA-B10E-11DC-B99B-0019D1879648
65 ChromeOS kernel                 FE3A2A5D-4F32-41A7-B725-ACCC3285A309
66 ChromeOS root fs                3CB8E202-3B7E-47DD-8A3C-7FF2A13CFCEC
67 ChromeOS reserved               2E0A753D-9E48-43B0-8337-B15192CB1B5E
68 MidnightBSD data                85D5E45A-237C-11E1-B4B3-E89A8F7FC3A7
69 MidnightBSD boot                85D5E45E-237C-11E1-B4B3-E89A8F7FC3A7
70 MidnightBSD swap                85D5E45B-237C-11E1-B4B3-E89A8F7FC3A7
71 MidnightBSD UFS                 0394EF8B-237E-11E1-B4B3-E89A8F7FC3A7
72 MidnightBSD ZFS                 85D5E45D-237C-11E1-B4B3-E89A8F7FC3A7
73 MidnightBSD Vinum               85D5E45C-237C-11E1-B4B3-E89A8F7FC3A7
74 Ceph Journal                    45B0969E-9B03-4F30-B4C6-B4B80CEFF106
75 Ceph Encrypted Journal          45B0969E-9B03-4F30-B4C6-5EC00CEFF106
76 Ceph OSD                        4FBD7E29-9D25-41B8-AFD0-062C0CEFF05D
77 Ceph crypt OSD                  4FBD7E29-9D25-41B8-AFD0-5EC00CEFF05D
78 Ceph disk in creation           89C57F98-2FE5-4DC0-89C1-F3AD0CEFF2BE
79 Ceph crypt disk in creation     89C57F98-2FE5-4DC0-89C1-5EC00CEFF2BE
80 OpenBSD data                    824CC7A0-36A8-11E3-890A-952519AD3F61
81 QNX6 file system                CEF5A9AD-73BC-4601-89F3-CDEEEEE321A1
82 Plan 9 partition                C91818F9-8025-47AF-89D2-F030D7000C2C
END
```

> NOTA: Pulsar q para terminar la visualización

f) Verificar la tabla de particiones.

```
Command (m for help): v
No errors detected.
Header version: 1.0
Using 3 out of 128 partitions.
A total of 4631 free sectors is available in 2 segments (the largest is 1,3 MiB).
```

g) Funciones extras, solo para expertos.

```
Command (m for help): x

Expert command (m for help): m

Help (expert commands):

  GPT
  i   change disk GUID
  n   change partition name
  u   change partition UUID
  l   change table length
  M   enter protective/hybrid MBR

  A   toggle the legacy BIOS bootable flag
  B   toggle the no block IO protocol flag
  R   toggle the required partition flag
  S   toggle the GUID specific bits

  Generic
  p   print the partition table
  v   verify the partition table
  d   print the raw data of the first sector from the device
  D   print the raw data of the disklabel from the device
  f   fix partitions order
  m   print this menu

  Save & Exit
  q   quit without saving changes
  r   return to main menu
```

h) Visualizar la tabla de particiones.

```
Expert command (m for help): p

Disk /dev/sdb: 14,4 GiB, 15472047104 bytes, 30218842 sectors
Units: sectors of 1 * 512 = 512 bytes
Sector size (logical/physical): 512 bytes / 512 bytes
I/O size (minimum/optimal): 512 bytes / 512 bytes
Disklabel type: gpt
Disk identifier: E41DAAC3-C6C9-4457-BE66-EE3E0B83BDD7
First LBA: 34
Last LBA: 30218808
Alternative LBA: 30218841
Partition entries LBA: 2
Allocated partition entries: 128

Device     Start      End  Sectors Type-UUID                            UUID
Name Attrs
/dev/sdb1   2048     4095     2048 21686148-6449-6E6F-744E-656564454649 9209D771-01B6-40DF-AC19-069143B767AE
/dev/sdb2   4096 25169919 25165824 0FC63DAF-8483-4772-8E79-3D69D8477DE4 7BA77097-2940-4801-A4E1-51DC28AEF622
```

```
/dev/sdb3  25169920 30216191  5046272 0657FD6D-A4AB-43C4-84E5-0933C84B4F4F 10097299-1098-4585-9821-A8C3A3FA4251
```

i)   Visualizar el primer sector de la tabla de particiones.

```
Expert command (m for help): d

First sector: offset = 0, size = 512 bytes.
00000000  eb 63 90 00 00 00 00 00  00 00 00 00 00 00 00 00
00000010  00 00 00 00 00 00 00 00  00 00 00 00 00 00 00 00
*
00000050  00 00 00 00 00 00 00 00  00 00 00 80 00 08 00 00
00000060  00 00 00 00 ff fa 90 90  f6 c2 80 74 05 f6 c2 70
00000070  74 02 b2 80 ea 79 7c 00  00 31 c0 8e d8 8e d0 bc
00000080  00 20 fb a0 64 7c 3c ff  74 02 88 c2 52 bb 17 04
00000090  f6 07 03 74 06 be 88 7d  e8 17 01 be 05 7c b4 41
000000a0  bb aa 55 cd 13 5a 52 72  3d 81 fb 55 aa 75 37 83
000000b0  e1 01 74 32 31 c0 89 44  04 40 88 44 ff 89 44 02
000000c0  c7 04 10 00 66 8b 1e 5c  7c 66 89 5c 08 66 8b 1e
000000d0  60 7c 66 89 5c 0c c7 44  06 00 70 b4 42 cd 13 72
000000e0  05 bb 00 70 eb 76 b4 08  cd 13 73 0d 5a 84 d2 0f
000000f0  83 d0 00 be 93 7d e9 82  00 66 0f b6 c6 88 64 ff
00000100  40 66 89 44 04 0f b6 d1  c1 e2 02 88 e8 88 f4 40
00000110  89 44 08 0f b6 c2 c0 e8  02 66 89 04 66 a1 60 7c
00000120  66 09 c0 75 4e 66 a1 5c  7c 66 31 d2 66 f7 34 88
00000130  d1 31 d2 66 f7 74 04 3b  44 08 7d 37 fe c1 88 c5
00000140  30 c0 c1 e8 02 08 c1 88  d0 5a 88 c6 bb 00 70 8e
00000150  c3 31 db b8 01 02 cd 13  72 1e 8c c3 60 1e b9 00
00000160  01 8e db 31 f6 bf 00 80  8e c6 fc f3 a5 1f 61 ff
00000170  26 5a 7c be 8e 7d eb 03  be 9d 7d e8 34 00 be a2
00000180  7d e8 2e 00 cd 18 eb fe  47 52 55 42 20 00 47 65
00000190  6f 6d 00 48 61 72 64 20  44 69 73 6b 00 52 65 61
000001a0  64 00 20 45 72 72 6f 72  0d 0a 00 bb 01 00 b4 0e
000001b0  cd 10 ac 3c 00 75 f4 c3  00 00 00 00 00 00 00 00
000001c0  02 00 ee ff ff ff 01 00  00 00 59 1a cd 01 00 00
000001d0  00 00 00 00 00 00 00 00  00 00 00 00 00 00 00 00
*
000001f0  00 00 00 00 00 00 00 00  00 00 00 00 00 00 55 aa
```

j)   Cambiar la legalidad de una partición a nivel de los attris (atributos) y visualizarla su estado.

```
Expert command (m for help): A
Partition number (1-3, default 3):

The LegacyBIOSBootable flag on partition 3 is enabled now.

Expert command (m for help): p
Disk /dev/sdb: 14,4 GiB, 15472047104 bytes, 30218842 sectors
Units: sectors of 1 * 512 = 512 bytes
Sector size (logical/physical): 512 bytes / 512 bytes
I/O size (minimum/optimal): 512 bytes / 512 bytes
Disklabel type: gpt
Disk identifier: E41DAAC3-C6C9-4457-BE66-EE3E0B83BDD7
First LBA: 34
Last LBA: 30218808
Alternative LBA: 30218841
Partition entries LBA: 2
Allocated partition entries: 128

Device         Start      End  Sectors Type-UUID                             UUID                                  Name Attrs
/dev/sdb1       2048     4095     2048 21686148-6449-6E6F-744E-656564454649 9209D771-01B6-40DF-AC19-069143B767AE
/dev/sdb2       4096 25169919 25165824 0FC63DAF-8483-4772-8E79-3D69D8477DE4 7BA77097-2940-4801-A4E1-51DC28AEF622
/dev/sdb3   25169920 30216191  5046272 0657FD6D-A4AB-43C4-84E5-0933C84B4F4F 10097299-1098-4585-9821-A8C3A3FA4251      LegacyBIOSBootable
```

k)   Visualizar en estado "bruto" de disposición de los datos en HEXADECIMAL de la estructura de la tablas de particiones PMBR y GPT (Cabecera y las entradas), Head y Entries.

```
Expert command (m for help): D

PMBR: offset = 0, size = 512 bytes.
00000000  eb 63 90 00 00 00 00 00  00 00 00 00 00 00 00 00
00000010  00 00 00 00 00 00 00 00  00 00 00 00 00 00 00 00
*
00000050  00 00 00 00 00 00 00 00  00 00 00 80 00 08 00 00
00000060  00 00 00 00 ff fa 90 90  f6 c2 80 74 05 f6 c2 70
00000070  74 02 b2 80 ea 79 7c 00  00 31 c0 8e d8 8e d0 bc
00000080  00 20 fb a0 64 7c 3c ff  74 02 88 c2 52 bb 17 04
00000090  f6 07 03 74 06 be 88 7d  e8 17 01 be 05 7c b4 41
000000a0  bb aa 55 cd 13 5a 52 72  3d 81 fb 55 aa 75 37 83
000000b0  e1 01 74 32 31 c0 89 44  04 40 88 44 ff 89 44 02
000000c0  c7 04 10 00 66 8b 1e 5c  7c 66 89 5c 08 66 8b 1e
000000d0  60 7c 66 89 5c 0c c7 44  06 00 70 b4 42 cd 13 72
000000e0  05 bb 00 70 eb 76 b4 08  cd 13 73 0d 5a 84 d2 0f
000000f0  83 d0 00 be 93 7d e9 82  00 66 0f b6 c6 88 64 ff
00000100  40 66 89 44 04 0f b6 d1  c1 e2 02 88 e8 88 f4 40
00000110  89 44 08 0f b6 c2 c0 e8  02 66 89 04 66 a1 60 7c
00000120  66 09 c0 75 4e 66 a1 5c  7c 66 31 d2 66 f7 34 88
00000130  d1 31 d2 66 f7 74 04 3b  44 08 7d 37 fe c1 88 c5
00000140  30 c0 c1 e8 02 08 c1 88  d0 5a 88 c6 bb 00 70 8e
00000150  c3 31 db b8 01 02 cd 13  72 1e 8c c3 60 1e b9 00
00000160  01 8e db 31 f6 bf 00 80  8e c6 fc f3 a5 1f 61 ff
00000170  26 5a 7c be 8e 7d eb 03  be 9d 7d e8 34 00 be a2
00000180  7d e8 2e 00 cd 18 eb fe  47 52 55 42 20 00 47 65
00000190  6f 6d 00 48 61 72 64 20  44 69 73 6b 00 52 65 61
000001a0  64 00 20 45 72 72 6f 72  0d 0a 00 bb 01 00 b4 0e
000001b0  cd 10 ac 3c 00 75 f4 c3  00 00 00 00 00 00 00 00
000001c0  02 00 ee ff ff ff 01 00  00 00 59 1a cd 01 00 00
000001d0  00 00 00 00 00 00 00 00  00 00 00 00 00 00 00 00
*
000001f0  00 00 00 00 00 00 00 00  00 00 00 00 00 00 55 aa

GPT Header: offset = 512, size = 512 bytes.
00000200  45 46 49 20 50 41 52 54  00 00 01 00 5c 00 00 00
```

PMBR (protective master boot record): Registro de inicio maestro de protección, un sector de arranque en un disco duro con una tabla de partición de formato compatible con MS-DOS incrustado en él que también tiene una tabla de particiones GUID (GPT). Su propósito es proteger el contenido del disco del daño accidental mediante programas que interpretan correcta-mente la tabla de particiones de formato MS-DOS pero no interpretan el GPT, por ejemplo, el programa fdisk de

```
00000210  2d a2 58 bb 00 00 00 00   01 00 00 00 00 00 00 00
00000220  59 1a cd 01 00 00 00 00   22 00 00 00 00 00 00 00
00000230  38 1a cd 01 00 00 00 00   c3 aa 1d e4 c9 c6 57 44
00000240  be 66 ee 3e 0b 83 bd d7   02 00 00 00 00 00 00 00
00000250  80 00 00 00 80 00 00 00   f7 e2 b2 6d 00 00 00 00
00000260  00 00 00 00 00 00 00 00   00 00 00 00 00 00 00 00
*

GPT Entries: offset = 1024, size = 16384 bytes.
00000400  48 61 68 21 49 64 6f 6e   74 4e 65 65 64 45 46 49
00000410  71 d7 09 92 b6 01 df 40   ac 19 06 91 43 b7 67 ae
00000420  00 08 00 00 00 00 00 00   ff 0f 00 00 00 00 00 00
00000430  00 00 00 00 00 00 00 00   00 00 00 00 00 00 00 00
*

00000480  af 3d c6 0f 83 84 72 47   8e 79 3d 69 d8 47 7d e4
00000490  97 70 a7 7b 40 29 01 48   a4 e1 51 dc 28 ae f6 22
000004a0  00 10 00 00 00 00 00 00   ff 0f 80 01 00 00 00 00
000004b0  00 00 00 00 00 00 00 00   00 00 00 00 00 00 00 00
*

00000500  6d fd 57 06 ab a4 c4 43   84 e5 09 33 c8 4b 4f 4f
00000510  99 72 09 10 98 10 85 45   98 21 a8 c3 a3 fa 42 51
00000520  00 10 80 01 00 00 00 00   ff 0f cd 01 00 00 00 00
00000530  00 00 00 00 00 00 00 00   00 00 00 00 00 00 00 00
*
```

l) Cambiar el orden de establecer las particiones.

```
Expert command (m for help): f

Nothing to do. Ordering is correct already.
Failed to fix partitions order.
```

UNIDAD DE TRABAJO II: Directorios en Linux

PRÁCTICA 3: Ficheros de claves de usuarios y grupos.

PRÁCTICA 4: Manejar los diferentes Shell.

PRÁCTICA 5: Manejar los directorios en Linux.

PRÁCTICA 6: Manejar los comandos comunes.

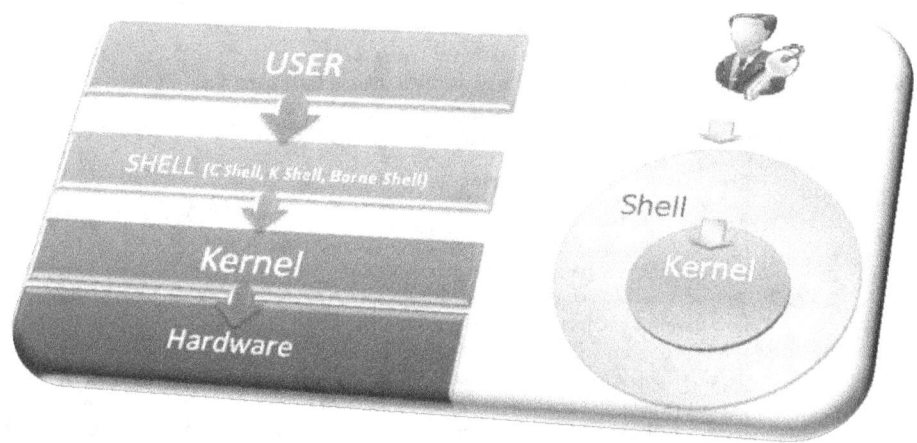

Contenidos

- Ordenes básicas en Linux.
- Directorios en Linux.
- El Sistema de archivos en Linux.
- Ayuda en Linux.
- Operaciones sobre directorios y carpetas.
- Atributos de los directorios o carpetas.

Órdenes

/etc/passwd
/etc/group
/etc/shadow
/etc/gshadow
sudo, info, infotext,
cat, init, halt,
poweroff, reboot,
reset, clear, pwd,
cd, man, fdisk,
echo, tree, mkdir,
rm, touch, mv,
apt-get, shutdown,
chown, chmod,
mknod,
dpkg-reconfigure,
dpkg

PRÁCTICA 4: Ficheros de claves de usuarios y grupos.
DESCRIPCIÓN:

Los ficheros que forman la configuración de usuarios y grupos se encuentran en el directorio /etc, y son:

Archivos de administración y control de usuarios

ARCHIVOS DE ADMINISTRACIÓN Y CONTROL DE USUARIOS	FUNCIONALIDAD
.bash_logout	Se ejecuta cuando el usuario abandona la sesión.
.bash_profile	Se ejecuta cuando el usuario inicia la sesión.
.bashrc	Se ejecuta cuando el usuario inicia la sesión.
/etc/group	Usuarios y sus grupos.
/etc/gshadow	Contraseñas encriptadas de los grupos.
/etc/login.defs	Variables que controlan los aspectos de la creación de usuarios.
/etc/passwd	Usuarios del Sistema.
/etc/shadow	Contraseñas encriptadas y control de fechas de usuarios del sistema.

/etc/passwd

El archivo /etc/passwd contiene la mayoría de la información de las cuentas de usuario. Esta información está disponible para todos los usuarios en la mayoría de los sistemas con tan sólo usar cat /etc/passwd, pero sólo el usuario root puede modificarlo. Este archivo existe en FreeBSD, pero también existe /etc/master.passwd con la misma información.

login ID : x : UID número : número de grupo : Comentarios : Directorio de trabajo : Shell de usuario

CAMPO	DESCRIPCIÓN
login ID	ID se trata del nombre con el que se accede a la cuenta.
x	Representa el password encriptado. Anteriormente aparecía de verdad el password encriptado en este apartado, pero por razones de seguridad ahora se encuentra en el archivo /etc/shadow Es posible que algunas versiones de Unix todavía lo incluyan, pero en general es algo que ya no se usa. Hay que recordar que con un simple **cat /etc/passwd** cualquier usuario tiene acceso al código encriptado, y con fuerza bruta puede descifrarlo. En FreeBSD el archivo **/etc/master.passwd** sí contiene los passwords encriptados, pero se necesitan privilegios de root para poder verlo.
UID número	El número de identificación usuario. Por comodidad, los usuarios acceden a su cuenta con un nombre elegido por ellos; pero para Unix los usuarios son representados por un número que en la mayoría de los sistemas va de 0 a 65535, con 0 – 99 reservado para archivos del sistema. Este número de identificación se puede duplicar por el administrador, aunque puede haber confusión y no es recomendable. El usuario root tiene reservado el número 0. Como lo que realmente importa para Unix no es el nombre sin o el ID, entonces cualquier usuario con un número 0 tiene privilegios de root.
Número de grupo	Número de grupo por default. Representa el grupo al cual es asignado el usuario en un principio. Este número no es único, y muchos usuarios pueden compartirlo sin problemas.
Comentarios	Los comentarios y datos adicionales de la cuenta. Incluye información general que se pide al momento de crear al usuario. Este campo puede estar en blanco. Tampoco es conveniente incluir información delicada, porque todos podrán verla. Este campo es conocido como GCOS (de General Electric Comprehensive Operating System).
Directorio de trabajo	Directorio en el que se inicia la sesión por default. Generalmente este campo contiene algo como **/home/nombre_de_usuario** indicando que la cuenta de alumno está montada en el directorio home. No es necesario que sea en ese directorio, pero debe evitarse que la cuenta esté en: /temp.
La shell de usuario	Shell de login del usuario. Necesita ser una de las contenidas en el archivo /etc/shell. Cada uno de estos campos está separado por ':' (dos puntos) Si alguno de esos campos está vacío, aparecerán (dos puntos dos veces) ::

Ej.: # cat /etc/password
```
root:x:0:0:root:/root:/bin/bash
bin:x:1:1:bin:/bin:/bin/sh
daemon:x:2:2:daemon:/sbin:/bin/sh
```

/etc/shadow

usuario : clave : ultimo : puede : debe : aviso : expira : desactiva : reservado

CAMPO	DESCRIPCIÓN
usuario	El nombre del usuario.
clave	La clave cifrada.
ultimo	Días transcurridos del último cambio de clave desde el día 1/1/70.
puede	Días transcurridos antes de que la clave se pueda modificar.
tiene	Días transcurridos antes de que la clave tenga que ser modificada.
aviso	Días de aviso al usuario antes de que expire la clave.
expira	Días que se desactiva la cuenta tras expirar la clave.
desactiva	Días de duración de la cuenta desde el 1/1/70.
reservado	Sin comentarios.

Ej.: # cat /etc/shadow
```
victoria : gEvm3sslnGRlr : 10639 : 0 :  99999 : 7 : -1 : -1 : 134529868
alumno:$6$h5osz0oA$BLZlWenCbtcK9tP060Med5XTgSZ53ziCzQvAmTb2DAbRmlrwM4FnQ/NH80jBuZm8jdo.d3tA1L4vaDTSJ6pbf
1:16210:0:99999:7:::
admin:$6$vlsmtqCx$1V9/lDQ7NoF3EBzwJ8aFrJbjeqD.wiEVNl0xrQ/VrPsxvL28SJCHrAv3ipqeGBnnWOP99bQV1Dg3OqeMrphGw1:
16237:0:99999:7:::
```

/etc/group

grupo:password:gid:usuarios

Contiene los nombres de los grupos y una lisa de los usuarios que pertenecen a cada grupo.

CAMPO	DESCRIPCIÓN
grupo	El nombre del grupo (es recomendable que no tenga más de 8 caracteres): samba share
password	La contraseña cifrada o bien una x que indica la existencia de un archivo gshadow: x
gid	El número de GID del grupo (número identificativo de grupo) :124.
usuarios	Lista de los usuarios miembros del grupo, separados por comas (sin espacios): alumno.

Por defecto prevalecerá la pertenecía al grupo que se defina en /etc/passwd en caso de discrepar con este archivo.

Ej.: # cat /etc/group

sambashare:x:124:alumno

/etc/gshadow

Al igual que el fichero /etc/shadow de las contraseñas encriptadas para usuarios, también se puede usar un fichero /etc/gshadow de contraseñas encriptadas para grupos.

nombre:password:uid:gid:descripción opcionalcarpeta:shell

CAMPO	DESCRIPCIÓN
nombre	No se admiten números al comienzo de un nombre de usuario.
password	Una "x" indica que el password está almacenado en /etc/shadow, en el caso de ser una "!" es que el usuario está bloqueado. Si tiene "!!" es que no tiene.
uid	Cada usuario lleva un no identificador (uid) entre 0(root) y 65535. Se reservan algunos para usuario root (el cero siempre), y para usuarios de servicios varios del sistema. Red Hat y derivados entre 1 y 499. Debian y derivados entre 1 y 999.
gid	Grupo id, cada usuario tiene un id de grupo principal, pero puede pertenecer a más grupos.
carpeta	La usará como la carpeta de inicio del usuario, al iniciar sesión con él será la que cargue por defecto.
shell	Los usuarios de servicios y usuarios con permisos limitados no deben tener shell, es decir iniciar sesión en consola, normalmente se les deja con /usr/bin/nologin o /bin/false

Ej.: # cat /etc/gshadow

lpadmin:!::alumno
scanner:!::saned
alumno:!::
sambashare:!::alumno

Se suele usar para permitir el acceso al grupo, a un usuario que no es miembro del grupo. Ese usuario tendría entonces los mismos privilegios que los miembros de su nuevo grupo.

/usr/sbin/pwconv   Para convertir al formato shadow.

/usr/sbin/pwunconv   Para convertir de nuevo al formato tradicional.

pwconv y pwunconv

El comportamiento por defecto de todas las distribuciones (distros) modernas de GNU/Linux es activar la protección extendida del archivo /etc/shadow, que (se insiste) oculta efectivamente el 'hash' cifrado de la contraseña de /etc/passwd.

Pero si por alguna bizarra y extraña situación de compatibilidad se requiriera tener las contraseñas cifradas en el mismo archivo de /etc/passwd se usaría el comando pwunconv:

#> more /etc/passwd
root:x:0:0:root:/root:/bin/bash
sergio:x:1001:1000:Sergio González:/home/sergio:/bin/bash
...

(La 'x' en el campo 2 indica que se hace uso de /etc/shadow).

#> more /etc/shadow
root:ghy675gjuXCc12r5gt78uuu6R:10568:0:99999:7:7:-1::
sergio:rfgf886DG778sDFFDRRu78asd:10568:0:-1:9:-1:-1::
#> pwunconv
#> more /etc/passwd
root:ghy675gjuXCc12r5gt78uuu6R:0:0:root:/root:/bin/bash
sergio:rfgf886DG778sDFFDRRu78asd:1001:1000:Sergio González:/home/sergio:/bin/bash
...
#> more /etc/shadow
/etc/shadow: No such file or directory

(Al ejecutar pwunconv, el archivo shadow se elimina y las contraseñas cifradas 'pasaron' a passwd). En cualquier momento es posible reactivar la protección de shadow:

#> pwconv
#> ls -l /etc/passwd /etc/shadow
•   rw-r—r-- 1 root root 1106 2007-07-08 01:07 /etc/passwd

```
•      r-------- 1 root root   699 2009-07-08 01:07 /etc/shadow
```

Se vuelve a crear el archivo shadow, además nótese los permisos tan restrictivos (400) que tiene este archivo, haciendo sumamente difícil (no me gusta usar imposible, ya que en informática parece ser que los imposibles 'casi' no existen) que cualquier usuario que no sea root lo lea.

/etc/login.defs

En el archivo de configuración /etc/login.defs están definidas las variables que controlan los aspectos de la creación de usuarios y de los campos de shadow usados por defecto. Algunos de los aspectos que controlan estas variables son:

- Número máximo de días que una contraseña es válida PASS_MAX_DAYS.
- El número mínimo de caracteres en la contraseña PASS_MIN_LEN.
- Valor mínimo para usuarios normales cuando se usa useradd UID_MIN.
- El valor umask por defecto UMASK.
- Si el comando useradd debe crear el directorio home por defecto CREATE_HOME.

Basta con leer este archivo para conocer el resto de las variables que son autodescriptivas y ajustarlas al gusto. Recuérdese que se usaran principalmente al momento de crear o modificar usuarios con los comandos useradd y usermod que en breve se explicaran.

Contenido de los ficheros ocultos que se encuentran en la parte de usuario HOME.
Ejemplo:
Lista de comandos resumen:

COMANDO	DESCRIPCIÓN
chage	Cambia la información sobre la caducidad de la contraseña.
chfn	Cambia la información del campo "comentario" de un usuario.
chsn	Cambia la información del campo "shell" de un usuario.
groupadd	Añadir grupos al sistema.
groupdel	Borrar un grupo que existe.
groupmod	Modificar los parámetros de un grupo existentes en el sistema.
groups	Dice en qué grupos estamos.
id	Muestra ID y grupos.
login	Permite cambiar de usuario.
newgrp	Permite cambiar a otro grupo (necesitamos saber la contraseña).
sg	Permite ejecutar comandos de otro grupo.
su	Permite cambiar a superusuario (root).
talk	Comunicación bidireccional interactiva con otro usuario que esté conectado al sistema.
useradd	Agregar usuarios al sistema.
userdel	Borrar usuarios.
usermod	Modificar los parámetros de un usuario.
w	Lista los usuarios que hay en el sistema y lo que están haciendo.
wall	Escribir mensaje a todos los usuarios.
who	Lista los usuarios que hay en el sistema.
whoami	Dice qué usuario somos.
write	Escribir un mensaje a otro usuario.
mesg	[y/n] permitir o no que te escriban mensajes.

PRÁCTICA 5: Manejar los diferentes Shell.
DESCRIPCIÓN:

Modos de visualización del shell es el intérprete de ordenes (equivalente al cmd) existen diferentes versiones de shell que pueden dividirse en cuatro categorías: tipo Bourne, tipo consola C, no tradicional e histórica.

Compatibles con Bourne Shell.

- **Bourne shell (sh)**: Escrita por Steve Bourne, cuando estaba en Bell Labs. Se distribuyó por primera vez con la Versión 7 Unix, en 1978, y se mejoró con los años.
- **Almquist shell (ash)**: Se escribió como reemplazo de la shell Bourne con licencia BSD; la sh de FreeBSD, NetBSD (y sus derivados) están basados en ash y se han mejorado conforme a POSIX para la ocasión.
- **Bourne-Again shell (bash)**: Se escribió como parte del proyecto GNU para proveerlo de un superconjunto de funcionalidad con la shell Bourne.
- **Debian Almquist shell (dash)**: Dash es un reemplazo moderno de ash en Debian.
- **Korn shell (ksh)**: Escrita por David Korn, mientras estuvo en Bell Labs.
- **Z shell (zsh)**: Considerada como la más completa: es lo más cercano que existe en abarcar un superconjunto de sh, ash, bash, csh, ksh, y tcsh.

Compatibles con la shell de C.

- **C shell (csh)** escrita por Bill Joy, mientras estuvo en la University of California, Berkeley. Se distribuyó por primera vez con BSD en 1979.
- **TENEX C shell (tcsh)**.

Otros o exóticos.

- **fish**: una shell amigable e interactiva, lanzada por primera vez en 2005.
- **mudsh**: una shell inteligente al estilo de los videojuegos que opera como un MUD.
- **zoidberg**, una shell modular escrita en Perl, configurada y de operación completamente en Perl.
- **rc**: el shell por defecto de Plan 9 from Bell Labs y Versión 10 de Unix escrita por Tom Duff. Se han hecho ports para Inferno y para sistemas operativos basados en Unix.
- **es shell (es)**: una shell compatible con RC escrita a mediados de los 90.
- **scsh**: (Scheme Shell)

Existen dos tipos de consolas o dos modos de visualización, a nivel de la tarjeta gráfica: el modo de texto (tty) y el modo gráfico (GUI).

Acceso a las consolas.

- CTRL+ALT+F1...F6 -> Se pueden tener abiertas simultáneamente 6 consolas, de texto.
- CTRL+ALT+F7-> Retorno al entorno gráfico.

Por defecto entramos en una consola a nivel de usuario, eso se ve reflejado en el prompt, por su terminación en $.

$ sudo passwd   root
Password usuario actual: Practica2015*
        Nombre de usuario: root
        Password (CLAVE): Practica2015*

Builtin

COMANDOS BUILTIN DE SHELL	DESCRIPCIÓN
Bourne Shell Builtins	Comandos integrados heredados de Bourne Shell.
Bash Builtins	Tabla de construcciones específicas para Bash.
Modificación del comportamiento del shell	Incluye la modificación de atributos de shell y comportamiento opcional.
Builtins especiales	Comandos integrados clasificados especialmente por POSIX.

Los comandos integrados están contenidos dentro del propio caparazón. Cuando el nombre de un comando incorporado se utiliza como la primera palabra de un comando simple , el shell ejecuta el comando directamente, sin invocar a otro programa. Los comandos integrados son necesarios para implementar funcionalidades imposibles o inconvenientes para obtener con utilidades separadas.

Esta sección describe brevemente los edificios que Bash hereda de Bourne Shell, así como los comandos integrados que son únicos o se han extendido en Bash.

Varios comandos incorporados se describen en otros capítulos: comandos integrados que proporcionan la interfaz Bash a las instalaciones de control de trabajos, la pila de directorios, el historial de comandos e instalaciones de finalización programables.

Muchos de los builtins han sido extendidos por POSIX o Bash.

PASO 1: Acceso usuario.

        Login: smr
Password: Practkca2012*
        .....$ r

Tipo de usuario con el que se accede nos lo muestra la línea de órdenes:

        $ --> usuario.
        >   --> usuario.
        #   --> superusuario.

Ejecutar órdenes en modo superusuario.

        sudo orden

> Todas las órdenes en Linux/Unix se escriben en minúsculas.
> Las mayúsculas están reservadas para las variables de ambiente.

PASO 2: Sintaxis de LINUX.

        orden   parámetros   argumentos
        parámetro == Opciones o modificadores de la orden (equivalente a las opciones de Windows en CMD).

letra

palabra   --literal   Un literal es una cadena de 2 o más caracteres, normalmente son palabras argumento (Linux) == parámetro (Windows) /ruta/ficheros   == (unidad:\ruta\ficheros)

PASO 3: Ayudas de las órdenes.

a)   Ayuda en línea.

orden --help

Retroceder en la consola MAY + [TECLADO DE EDICIÓN (RePag)]

b)   Diferentes formas de obtener las ayudas.

b.1) Ayuda utilizando la orden man.

man orden

Ej.:   man ls

b.2) Ayuda utilizando la orden info.

info orden

ej.: info ls

b.3) Ayuda utilizando la orden infotext

infotext orden

ej.: infotext ls

b.4) Ayuda utilizando la orden textinfo

textinfo orden

ej.: textinfo ls

b.5) Lista de órdenes básicas en orden alfabético con una breve descripción.

help

> **Sintaxis y ejemplos.**
> Para salir de las ordenes de ayuda q=quit
> Indica salir de una aplicación de ayuda.

PASO 4: Diferentes SHELL.

El sistema Operativo tiene un núcleo o kernel (ARRANCA EL SISTEMA) y un caparazón o interprete de comandos: sh, bash, csh, tcsh, zcsh, zsh,...

El intérprete permite crear ficheros ("por lotes batch") Shell o guion:

- Son muy potentes.
- Permiten programación:

Programación Shell. Ej: sh, bash.

Usuarios se identifican en la línea de comandos: $

El root se identifica : #

Programación lenguaje C: csh, tcs, zcsh Usuarios se identifican en la línea de comandos: > El root se identifica: #

- El Shell que maneja un usuario, se define cuando se crea el usuario.

Se define en entorno de texto: **useradd, adduser, usermod.**

¿Dónde está la definición?

La definición se encuentra en /etc/passwd

cat /etc/passwd

clear

PASO 5: Sistema de ficheros.

Para Linux todo se trata como un fichero.

Con punto de montaje /   (Directorio raíz ...), se monta la partición de arranque.

El resto de las particiones ¿Dónde se monta?

Se monta a partir /, por norma general se monta /mnt

/mnt/floppy

/mnt/cdrom

/mnt/dvd

/mnt/Windows

/mnt/pen

mount: montar un sistema de ficheros.

umount: desmontar un sistema de ficheros.

Fichero de montaje de unidades   **/ect/fstab**

cat /ect/fstab

Unidad de intercambio, una partición, cuyo tipo es /swap

Por cada partición, correspondiente a una unidad de almacenamiento, aparece una clave identificativa UUID: identificador único universal de unidades.

Un montaje de ficheros necesita un dispositivo de manejo.

/dev

> **UUID** - Universally Unique Identifier.
> Permite la existencia de dispositivos probables diferentes.
> Un **UUID** es un número de 16-byte (128-bit).
> El número teórico de posibles UUID es entonces de 3×10^{38}
> En su forma canónica, un UUID consiste de 32 dígitos hexadecimales, mostrados en cinco grupos separados por guiones, de la forma 8-4-4-4-12 para un total de 36 caracteres (32 dígitos y 4 guiones).

> CONCLUSIÓN: hay que montar y desmontar las unidades en un punto de montaje, predefinido o crear el directorio, antes de realizar el montaje.

PASO 6: Tratamiento de dispositivos a nivel.

- Carácter.
- Bloque.

Ej.: Hay veces que el script **MAKEDEV** no tiene información de un dispositivos, entonces hay que Crear un dispositivo de carácter ttySO, dispositivo de caracteres con número mayor 4 y número menor 64. El fichero device.txt es la fuente canónica de los dispositivos

```
# mknod /dev/ttyS0 c 4 64
# chown root.dialout /dev/ttyS0
# chmod 0644 /dev/ttyS0
# ls -l /dev/ttyS0
```

PASO 7: Parada del sistema operativo.

Se puede parar cerrando la máquina virtual, o bien desde la línea de comandos utilizando cualquiera de estas órdenes.

ORDEN	DESCRIPCIÓN
init 0	Es el primer proceso en ejecución tras la carga del kernel y el que a su vez genera todos los demás procesos. Runlevel 0 indica que se detenga y pare el sistema operativo.
halt	Se utiliza para apagar el ordenador.
shutdown	Apagar o reiniciar el sistema.
power	Apagar el sistema.
poweroff	Apagar el sistema.
reboot	Reiniciar el sistema.
reset	Resetear el sistema Linux.

FICHERO	DESCRIPCIÓN
/var/run/utmp	Archivo en el que el nivel de ejecución actual se leerá desde; este archivo también se actualizará con el registro del nivel de ejecución siendo sustituida por un registro de tiempo de apagado.
/var/log/wtmp	Un nuevo récord para el nivel de ejecución el tiempo de apagado se anexará a este archivo.

PASO 8: Ejemplo de parada y reinicio del sistema.

1. Para detener el sistema:
   halt   Este comando es similar al poweroff, que apaga el sistema.
2. Para apagar el sistema:
   poweroff   El comando poweroff se utiliza para apagar el sistema.
3. Para reiniciar el sistema:
   reboot   El comando reboot se utiliza para reiniciar el sistema.
4. Reiniciar el sistema operativo:
   reset
5. Otra forma de reiniciar:
   init 6
6. Podemos pedirle que apague el sistema ahora mismo:
   sudo shutdown -h now
   o bien
   sudo shutdown -h +0
7. Solicitar que apague el sistema en un tiempo determinado:
   sudo shutdown -h +m
8. Donde m es el número de minutos que deben transcurrir para que el sistema se apague; por ejemplo, si queremos que se apague en 10 minutos, sería:
   sudo shutdown -h +10
9. En Ubuntu es posible omitir el argumento -h dejando únicamente:
   sudo shutdown +10
10. También podemos decirle que se apague a una hora específica. (Utiliza el sistema de 24 horas, es decir, de 00 a 23). Por ejemplo a las 17:30:
    sudo shutdown -h 17:30
11. Además se le puede agregar una leyenda a la orden de apagado:
    sudo shutdown -h 18:45 "El equipo se apagará por mantenimiento"
12. Para reiniciar el sistema:
    sudo reboot
    o bien:
    sudo shutdown -r now
    sudo shutdown -r +0
13. Para reiniciar el sistema en un tiempo determinado:
    sudo shutdown -r +5
14. Para reiniciar el sistema a una hora específica:
    sudo shutdown -r 23:30

halt

Sintaxis:	halt [-d	-f	-h	-n	-i	-p	-w]	
OPCIÓN	DESCRIPCIÓN
-d	No escribir registro wtmp (en el archivo /var/log/wtmp) El flag -n implica -d
-h	Poner todos los discos duros del sistema en modo de espera antes de que el sistema se detenga o apague.
-n	No sincronizar antes de reiniciar o detener.
-i	Apagar todas las interfaces de red.
-p	Cuando detenga el sistema, lo apaga también. Esto es por defecto cuando el halt se llama como poweroff.
-w	No reiniciar o detener, sólo escribir el registro wtmp (en el archivo /var/log/wtmp).

sudo

Sintaxis:	sudo [opciones] [USUARIO]
Opción	DESCRIPCIÓN
-b	Como --backup pero no acepta ningún argumento.
-f	No pregunta nunca antes de sobrescribir.
-i	Pide confirmación antes de sobrescribir.
-S	Reemplaza el sufijo de respaldo habitual.
-T	Trata DESTINO como fichero normal.
-u	Mueve solamente cuando el fichero ORIGEN es más moderno que el fichero de destino.

PRÁCTICA 6: Manejar los directorios en Linux.
DESCRIPCIÓN:

Para Linux todos son ficheros, no existen directorios ni unidades, ni dispositivos, todo se trata como un sistema de ficheros. No obstante debemos tener clara los diferentes conceptos:

- **Directorio:** es la estructura organizativa actual.
- **Directorio Actual:** es donde estoy (pwd) "."
- **Directorio Raíz:** punto de montaje del sistema /, solo existe uno por sistema.
- **Directorio Padre:** es el directorio anterior al actual, se identifica su existencia o su referencia por medio de ".. con directorio Actual".

Directorios de Linux

DIRECTORIO	DESCRIPCIÓN
/bin/	Comandos/programas binarios esenciales (cp, mv, ls, rm, etc.),
/boot/	Ficheros utilizados durante el arranque del sistema (núcleo y discos RAM) /dev/ Dispositivos esenciales, discos duros, terminales, sonido, video, lectores dvd/cd, etc.
/etc/	Ficheros de configuración utilizados en todo el sistema y que son específicos del ordenador.
/etc/opt/	Ficheros de configuración utilizados por programas alojados dentro de /opt/ /etc/X11/ Ficheros de configuración para el sistema X Window (Opcional).
/etc/sgml/	Ficheros de configuración para SGML (Opcional) .
/etc/xml/	Ficheros de configuración para XML (Opcional).
/home/	Directorios de inicios de los usuarios (Opcional).
/lib/	Bibliotecas compartidas esenciales para los binarios de **/bin/, /sbin/** y el núcleo del sistema.
/mnt/	Sistemas de ficheros montados temporalmente.
/media/	Puntos de montaje para dispositivos de medios como unidades lectoras de discos compactos.
/opt/	Paquetes de aplicaciones estáticas.
/proc/	Sistema de ficheros virtual que documenta sucesos y estados del núcleo. Contiene principalmente ficheros de texto.
/root/	Directorio de inicio del usuario root (superusuario) (Opcional).
/sbin/	Comandos/programas binarios de administración de sistema.
/tmp/	Ficheros temporales.
/srv/	Datos específicos de sitio servidos por el sistema.
/usr/	Jerarquía secundaria para datos compartidos de solo lectura (Unix system resources). Este directorio puede ser compartido por múltiples ordenadores y no debe contener datos específicos del ordenador que los comparte.
/usr/bin/	Comandos/programas binarios.
/usr/include/	Ficheros de inclusión estándar (cabeceras de cabecera utilizados para desarrollo).
/usr/lib/	Bibliotecas compartidas.
/usr/share/	Datos compartidos independientes de la arquitectura del sistema. Imágenes, ficheros de texto, etc.
/usr/src/	Códigos fuente (Opcional).
/usr/X11R6/	Sistema X Window, versión 11, lanzamiento 6 (Opcional).
/usr/local/	Jerarquía terciaria para datos compartidos de solo lectura específicos del ordenador que los comparte.
/var/	Ficheros variables, como son logs, bases de datos, directorio raíz de servidores HTTP y FTP, colas de correo, ficheros temporales, etc.
/var/cache/	Cache da datos de aplicaciones.
/var/crash/	Depósito de información referente a caídas del sistema (Opcional).
/var/games/	Datos variables de aplicaciones para juegos (Opcional).
/var/lib/	Información de estado variable. Algunos servidores como MySQL y PostgreSQL almacenan sus bases de datos en directorios subordinados de éste.
/var/lock/	Ficheros de bloqueo.
/var/log/	Ficheros y directorios de registro del sistema (logs).
/var/mail/	Buzones de correo de usuarios (Opcional).
/var/opt/	Datos variables de /opt/. Aplicaciones.
/var/spool/	Colas de datos de aplicaciones.
/var/tmp/	Ficheros temporales preservados entre reinicios.

PASO 1: Visualizar el directorio actual.

    pwd

a)   Ayuda.

    pwd --help

b)   Valor por defecto.

    pwd

PASO 2: Acceder a un directorio.
       cd
a)   Ayuda.
a.1) Ayuda en línea de comandos.
       cd --help
a.2) Ayuda con aplicaciones.
         man cd
         info   cd
b)   Acceder a un directorio, como entrada.
         cd   directorio
         cd   ruta de directorios
      ej.: cd /etc/network
c)   Salir de un directorio.
    c.1) Acceso al directorio anterior.
       cd ..
    c.2) Acceso al directorio raíz.
       cd /
    c.3) Acceso al directorio HOME, es el directorio de trabajo (casa), la variable de entorno contiene esa ruta, $HOME, es el directorio del usuario. Las siguientes tres líneas acceden al directorio home del usuario activo.
       cd
       cd ~
       cd $HOME
Acceder al directorio /boot y listar su contenido.
       cd boot
       ls -l

PASO 3: Visualizar las particiones y los sistemas de ficheros y discos.
       fdisk   Particionar y visualizar.
       df   Visualizar información de puntos de montaje.
       mount   Sistemas de ficheros montados.
       /dev/sda1   /
       /dev/sda2   /swap
       /dev/sda3   /mnt/local

> **DEMONIOS, daemon** (procesos o tareas residentes en memoria, en segundo plano).
> La palabra demonio viene de las siglas en ingles D.A.E.M.O.N (Disk And Execution Monitor) que es un tipo especial de proceso informático que se ejecuta en segundo plano en lugar de ser controlado directamente por el usuarío(es un proceso no interactivo).
> **Características:**
> – No disponen de una interfaz directa con el usuario, ya sea gráfica o textual…
> – No hacen uso de la entradas y salidas estándar para comunicar errores o registrar su funcionamiento, sino que usan archivos del sistema en zonas especiales (**/var/log/**) o utilizan otros demonios especializados en dicho registro como el **syslogd**.

a)   Visualizar ayuda fdisk.
       fdisk --help
       man fdisk
       info fdisk
b)   Visualizar ayuda df.
       df --help
       man df
       info df
c)   Visualizar ayuda mount.
       mount --help
       man mount
       info mount
       infotext   info
       textinfo
    Ejemplo:
       fdisk -l
       df
       mount

PASO 4: Visualizar la estructura de árbol.
       tree
a)   Ayuda.
       tree --help
b)   Por defecto.
       tree

> **dir:** es un comando CMD|COMMAND y funciona en Linux, si ya que se encuentra definido por medio de un alias.
> **alias:** abreviaturas, redefiniciones de órdenes para agilizar el trabajo, por otras conocidas en otros sistemas.
> Definir: # alias dir='ls -l'
> Visualizar alias;   # alias

    Listar solo los directorios.
       tree -d
       dir
       ls -l
       alias

PASO 5: Borrar la pantalla.
       clear

a)   Ayuda.
     man clear
     clear --help
b)   Por defecto.
     clear

PASO 6: Crear directorios.
     mkdir
a)   Ayuda.
     mkdir --help
     man mkdir
     info mkdir
b)   Crear directorios.
     cd   /mnt/local
     ls -l
     b.1) Existe algo si lost+found (se crea por cada sistema de ficheros y punto de montaje nuevo).
     cd lost+found
     ls -l   No tiene información visible, inicialmente.
     ls -la   Visualizar información oculta.
     ./   Directorio Actual.
     ../   Referencia al directorio anterior (padre).
     cd ..   Salir al directorio anterior.
     ls -l   Visualizar el contenido del directorio actual.
c)   Crear directorio y visualizar la estructura de árbol.
     mkdir fray
     mkdir diego
     mkdir estudiar
     mkdir otros
     tree
c.1) Visualizar estructura de árbol en formato gráfico.
     tree -A

> Si tree no funciona es que no se encuentra instalado hay que cargar el paquete (Debian,...)
> **apt-get install   tree**

d)   Crear más de un directorio simultáneamente.
     mkdir toros futbol deportes
e)   Crear una estructura compleja de directorios. La opción [-p] Se utiliza para crear todas las estructuras padre del directorio final, se crean en la misma línea de ejecución.
     mkdir -p hacienda/declara/pillan
     mkdir -p hacienda/fraude/trincan hacienda/recaudación

PASO 7: Borrar directorios.
     Permite borrar ficheros y directorios de forma directa o recursiva.
     rm
a)   Ayuda.
     rm --help
     man rm
     info rm
b)   Borrar por defecto (ficheros).
     rm futbol
     Borra el directorio siempre que no tenga ficheros u otros directorios.
     Por defecto Borra ficheros.
c)   Borrar directorios por defecto.
     rm -r futbol
     r borrar de forma recursiva.
d)   Borrar estructura de directorio con ficheros.
     rm -r hacienda
e)   Borrar a la fuerza (fuerza bruta).
     rm -rf   hacienda

rm	
Sintaxis:	**rm [opción] fichero**
OPCIÓN	**DESCRIPCIÓN**
-f	Ignorar archivos brillaba por su ausencia, y nunca pedirá antes de retirar.
-i	Preguntar antes de cada extracción.
-I	Preguntar una vez antes de retirar más de tres archivos, o al retirar de forma recursiva . Menos intrusivo que -i, sin dejar de dar protección contra la mayoría de los errores.
-r , -R	Eliminar directorios y sus contenidos de forma recursiva.

PASO 8: Crear un fichero vacío.
     La orden touch permite crear las entradas en la tabla de inodos, pero el fichero no contiene información, no ocupa ninguna de las entradas de direccionamiento directo e indirecto.
     Touch
a)   Ayuda.
     touch --help
b)   Defecto. Creamos un fichero cuyo tamaño es vacío.
     touch negro
     ls -l

        cd ..
        ping 192.168.0.100

Probamos si funciona la IP y la puerta de enlace, para ello accedemos con un navegador de texto a internet.

        lynx http://www.google.es

c)   Actualizar la fecha y hora de un fichero que ya existe.

        ls -l   /etc > pruebas000
        ls -l
        touch pruebas000
        ls -l

PASO 9: Mover un directorio.

El comando mv es la abreviatura de mover. Se usa para mover/renombrar un archivo de un directorio a otro. El comando mv elimina completamente el archivo del origen y lo mueve a la carpeta especificada.

        mv

a)   Ayuda.

        mv --help
        man mv
        info mv
        mount
        df
        cd /mnt/local

b)   Ver la versión de la orden.

        mv -v
        mv --verbose
        mount -v
        df -v

mv	
Sintaxis: mv [*opción*]... *origen*... *directorio*	
OPCIÓN	**DESCRIPCIÓN**
-b	Como --backup pero no acepta ningún argumento.
-f	No pregunta nunca antes de sobrescribir.
-i	Pide confirmación antes de sobrescribir.
-S	Reemplaza el sufijo de respaldo habitual.
-T	Trata DESTINO como fichero normal.
-u	Mueves solamente cuando el fichero ORIGEN es más moderno que el fichero de destino.

c)   Mover por defecto.

        mv otros toros
        tree

d)   Cambiar de nombre.

        mv toros vacas

e)   Cambiar el nombre forzando.

        mv -f toros vacas

f)   Interactuar durante el cambio.

        mv -i toros vacas

PRÁCTICA 7: Manejar las opciones más comunes de apt-get

DESCRIPCIÓN:

El apt es una herramienta muy potente y fácil de usar, nos podremos olvidar de tener que utilizar fuentes, compilar, que si librerías, que si tengo que si tengo que instalar tal rpm, que si necesito uno más nuevo que el que viene en el CD de la distribución, ahora nada, siempre apt, por suerte, el 99.44 % del software para Linux está "debianizado", es decir, está precompilado y listo para instalarlo en tu **Debian**. Por eso, **DEBIAN ES LA MEJOR,** y la más fácil de usar.

Instalación de paquetes.

> **apt-get install nombre_paquete1 pakete2 paquete3**

Búsqueda de paquetes.

> **apt-cache search texto_a_buscar**

Actualizar Sistema.

> **apt-get update**
> **apt-get upgrade**

> ¡OJO! Antes de nada hay que tener el fichero */etc/apt/sources.list* debidamente configurado.

REQUISITOS:

Instalación de paquetes distintos a los solicitados por defecto.

> **apt-get install paquete/unstable**
> **apt-get install paquete/testing**

Por lo general, suelen obtenerse por defecto los paquetes del tipo stable, pero estos suelen tener versiones de programas algo antiguas por lo que puede que nos interese tener paquetes más recientes, como son los tipos testing. Para más información mire en la sección Archivos de configuración.

a) Reconfigurar un paquete.

> **dpkg-reconfigure nombrepkt**

Esto puede ser útil por ejemplo para reconfigurar las X o los locales, también lo he usado alguna vez con el etherconf o con iptables para indicarle que las cargue al arrancar el ordenador. Ejemplos:

> **dpkg-reconfigure iptables**
> **dpkg-reconfigure locales**
> **dpkg-reconfigure etherconf**

Borrando paquetes instalados.

> **apt-get remove nombre_pkt**

b) Archivos de Configuración /apt-get

Ejemplo de un fichero de fuentes: **sources.list**

> *#las líneas que comienzan por # son comentarios.*
> *#Actualizaciones de seguridad! Básicas y necesarias!*
> *deb <u>http://security.debian.org/</u> stable/updates main*
>
> *deb <u>ftp://ftp.es.debian.org/debian</u> stable main contrib non-free*
> *deb <u>ftp://http.us.debian.org/debian</u> stable main contrib non-free*
>
> *#Paquetes testing*
> *deb <u>http://ftp.rediris.es/debian/</u> testing main contrib non-free*
> *deb <u>http://ftp.rediris.es/debian-non-US/</u> testing/non-US main contrib non-free*
>
> *# Paquetes Inestables*
> *deb <u>http://ftp.es.debian.org/debian/</u> unstable main contrib non-free*
> *deb <u>http://ftp.es.debian.org/debian-non-US/</u> unstable/non-US main contrib non-free*
> *deb <u>http://ftp.rediris.es/debian/</u> unstable main contrib non-free*
> *deb <u>http://ftp.rediris.es/debian-non-US/</u> unstable/non-US main contrib non-free*

Un programa interesante es el **netselect** que sirve para buscar la lista de fuentes más cercanas y que mejor funcionan.

> **netselect-apt tipo_paquete**

Donde tipo de paquete es: **stable, unstable o testing.**

> **/etc/apt/apt.conf.d/70debconf**

Por defecto se instalan los paquetes **stable**, que están harto probados y que en principio no tienen ningún tipo de conflictos de dependencias, sin embargo también es cierto que suelen ser versiones viejas de software, y puesto que muchos programas están en continuo desarrollo tal vez nos interese tener versiones más recientes con mejores características, e incluso paradójicamente más estables al ser versiones con menos errores. Para ello sólo tenemos que añadir **APT::Default-release "tipo_paquete"** dónde tipo de paquete sea **stable, testing o unstable.** Las versiones testing en mi opinión son las más cómodas para los usuarios "normales" ya que ofrecen suficiente estabilidad y es un software actualizado.

> **cat /etc/apt/apt.conf.d/70debconf**
> ```
> // Pre-configure all packages with debconf before they are installed.
> // If you don't like it, comment it out.
> DPkg::Pre-Install-Pkgs {"/usr/sbin/dpkg-preconfigure—apt || true";};
> APT::Default-Release "stable";
> ```

c) Manejar apt-get y dpkg.

Algunas posibilidades de las herramientas:

apt-get y dpkg de Debian GNU/Linux

Listar todos los ficheros de un paquete:

$dpkg -L nombre_paquete

Instalar un paquete de una release concreta:

 # apt-get install -t unstable nombre_paquete

Bloquear (hold) un paquete para que no se actualice en

 # echo nombre_paquete hold | dpkg—set-selec

Quitar el bloqueo a un paquete:

 # echo nombre_paquete install | dpkg—set-sele

Ver la versión de un paquete instalado:

$ apt-cache policy nombre_paquete | grep Insta

Listar los paquetes que contienen cierta cadena en su no

$ COLUMNS=120 dpkg -l | grep string

Obtener el estadoB(hold , purge) de un paquete:

$ dpkg -get-selections nombre_paquete

Eliminar un paquete y sus ficheros de configuración:

 # dpkg -purge nombre_paquete

Ver las dependencias de un paquete y su descripción:

$ apt-cache showpkg nombre_paquete

Buscar paquetes relacionados con un término:

$ apt-cache search string

> **TOOLS:** Apt-Fast es un pequeño script que puede mejorar dramáticamente la velocidad de descarga de los paquetes mediante apt-get & aptitude gracias al uso de unas herramientas multi-hilo como **Axel** y **aria2**, que descargan los paquetes de forma simultánea con múltiples conexiones por paquete, es decir, desde diferentes fuentes
> Instalación para Ubuntu.
> **$ sudo /bin/bash -c "$(curl -sL https://git.io/vokNn)"**
> Si se utiliza el siguiente PPA para instalar Apt-Fast en Ubuntu 14.04 o versiones posteriores
> $ sudo add-apt-repository ppa:saiarcot895/myppa
> $ sudo apt-get update
> $ sudo apt-get -y install apt-fast
> Agregar los servidores de instalación:
> nano /etc/apt-fast.conf
> MIRRORS=('http://archive.ubuntu.com/ubuntu, http://de.archive.ubuntu.com/ubuntu, http://ftp.halifax.rwth-aachen.de/ubuntu, http://ftp.uni-kl.de/pub/linux/ubuntu, http://mirror.informatik.uni-mannheim.de/pub/linux/distributions/ubuntu/')

d) Posibles problemas.

Al instalar un paquete, puede ocurrir que su script de post-instalación falle por alguna razón, lo cual impide que el paquete se instale correctamente. Si eso ocurre puedes editar su script correspondiente en:

/var/lib/dpkg/info/ nombre_paquete .postinst

e intentar arreglarlo. Después simplemente ejecuta:

 # dpkg—configure -a

Reinstalar todos los paquetes instalados.

Útil para limpiar los binarios si el sistema ha sido infectado con un virus o un rootkit.

PASO 1: Ubuntu 16.04 y superiores 17.10 la configuración apt-get se sustituye por apt

A partir de la versión 16.04 de Ubuntu y derivados se sustituye **apt** por **apt-get,** funciona exactamente igual:

apt update

apt upgrade

USAR CON PRECAUCIÓN.

`# for i in $(dpkg—get-selections | grep -v deinstall | awk '{print $1}'); do apt-get install -y—reinstall$i; done`

PASO 2: Actualización desde Ubuntu 17.04

apt-get update && apt-get dist-upgrade

apt update-manager -d

Se abre la GUI y del actualizador que te dirá que existe una nueva versión disponible. Sigue los pasos que te indicará en la pantalla.

Ej.:

apt-get update

Actualiza el listado de paquetes disponibles (s): sincronizar nuestra lista local de paquetes con los paquetes disponibles en los servidores de software que figuran en /etc/apt/sources.list . Hay que usar este comando por ejemplo antes de usar el comando apt-get upgrade.

apt-get check

Una vez ejecutado apt-get update, ejecutamos apt-get para comprobar que todo ha ido bien tras la utilización de apt-get update.

apt-get install lista_de_paquetes

Instala los programas deseados. (s):

apt-get install amule emesene

apt-get --reinstall install paquete

Reinstala un programa.

apt-get upgrade

apt	
Los **parámetros** que funcionarán con el nuevo APT 1.0 serán los siguientes:	
apt update	Actualiza la lista de paquetes, equivalente a apt-get update
apt upgrade	Actualiza los paquetes, equivalente a apt-get upgrade
apt install	Instala un paquete, equivalente a apt-get install
apt list	Similar a dpkg list y se puede utilizar con los parámetros –installed o –upgradable.
apt search	Funciona como apt-cache pero ordenando los resultados
apt show	Similar a apt-cache show pero únicamente con la información más relevante.
apt full-upgrade	Actualiza la distribución, equivalente a apt-get upgrade
apt edit-sources	Abre el editor de repositorios para añadir o quitar estos de las listas.
APT comienza a funcionar a partir de ahora de forma similar a como lo hace Aptitude. Ya no será necesario por ejemplo ejecutar apt-get [parámetros] y apt-cache [parámetros] sino que tecleando únicamente apt [parámetros].	

Actualiza los paquetes ya instalados, instalación menor.Upgrade se usa para instalar la versión más nueva de todos los paquetes instalados en el sistema provenientes de alguna de las fuentes listadas en /etc/apt/sources.list. Los paquetes instalados con una nueva versión disponible son descargados y actualizados, bajo ninguna circunstancia se desinstalarán paquetes, o se instalarán paquetes nuevos. Las nuevas versiones de programas instalados que no puedan ser actualizados sin cambiar el estado de instalación de otros paquetes no se instalarán, manteniéndose la versión actual. Debe realizarse un update antes para que apt-get sepa cuales son las versiones disponibles de los paquetes.

apt-get dist-upgrade

Actualización más profunda de la distribución. Permite actualizarse entre las diferentes versiones de la distribución. El fichero /etc/apt/sources.list contiene la lista de sitios de los cuales se descargan los ficheros.

apt-get remove lista_de_paquetes

Desinstala una lista de paquetes (es decir desinstala varios paquetes a la vez). Es por tanto el comando contrario a apt-get install lista_de_paquetes

apt-get --purge remove lista_de_paquetes

Desinstala un paquete y ademas tambien elimina los archivos de configuración. Es un comando que por lo tanto amplia la funcion de apt-get remove lista_de_paquetes

apt-get -f install

Para resolver dependencias.

apt-get clean

Para limpiar los paquetes descargados e instalados.

apt-get autoclean

Para limpiar los paquetes viejos que ya no se usan.

apt-cache search nombre paquete

Para buscar un paquete determinado(s) .

apt-get autoremove

Para mantener el sistema limpio de librerías que no hacen falta. Cuando instalamos un programa es posible que con él se instalen algunas dependencias.

apt-get check

Para diagnosticar: Actualiza la caché de paquetes (/var/cache/apt/pkgcache.bin), crear un nuevo árbol de dependencias y busca dependencias imposibles de resolver..

apt-cache   pkgnames --generate

PASO 4: Árbol de dependencias en aplicaciones.

Pactree produce un árbol de dependencia para un paquete dado (Arch Linux y derivados como Antergos y Manjaro Linux), por ejemplo vim.

pactree

a) Ayuda.

pactree --help

b) Ejemplo de una dependenia en forma de árbol.

pactree   fdisk

c) Otras versiones :

c.1) Para Fedora, Red Hat y sus clones como CentOS, Scientific Linux.

yum deplist   <nombre del package>

o bien, (previa carga o instalación ej.: yum install yum-utils | dnf   install yum-utils), una vez instalado se ejecuta el paquete

repoquery   --requires --resolve <package>

ej.:   repoquery   --requires --resolve tree

c.2) Para Debian, Ubuntu y sus derivados como Linux Mint, Elementary OS, puedes usar el comando apt-cache para listar las dependencias de un paquete en particular.

apt-cache   depends tree

Para enumerar las dependencias.

apt-cache rdepends tree

c.3) Para SUSE y openSUSE, puedes listar las dependencias de un paquete dado usando el comando "zypper":

zypper info --requires vim

UNIDAD DE TRABAJO III: Archivos en Linux

PRÁCTICA 8: Tipos de ficheros.

PRÁCTICA 9: Cambiar o establecer permisos y propiedades.

PRÁCTICA 10: Manejar ficheros de texto en Linux.

PRÁCTICA 11: Búsqueda de ficheros.

PRÁCTICA 12: Crear y manejar dispositivos.

PRÁCTICA 13: Mostrar ficheros que existen en una estructura de Linux.

PRÁCTICA 14: Tratamiento de ficheros en Linux.

PRÁCTICA 15: Crear accesos o enlaces blandos y duros en Linux.

PRÁCTICA 16: Acceder a la definición de Entorno en Linux.

Órdenes

vi, touch, nano, pico, echo, umask, cat, less, more, rm, mv, chmod, chown, less, pg, wc, head, tail, cut, locate, ls, slocate, whereis, whatis, find, grep, ln, egrep, mount, umount, lsusb, eject, fuser, sort, comm, diff, gzip, gunzip, zcat, zmore, zcmp, zdiff, symlink, cal, ncal, tar, calendar, date, uptime, lwclock, watch, set, env, alias, unalias, uniq, sum, lsof, paste, lshal, biosdecode, lsattr, chattr, dmidecode.

Contenidos

- Introducción a los archivos.
- Tipos de archivos en Linux.
- Metacaracteres.
- Operaciones con archivos.
- Permisos para archivos.
- Atributos de los archivos.
- Compresión de los archivos.
- Edición de textos en Linux.

PRÁCTICA 8: Tipos de ficheros.

DESCRIPCIÓN:

Los ficheros se identifican por sus permisos, existen 10 caracteres que los identifican: El primer carácter el tipo de fichero (-) es identificativo de fichero, los caracteres de 2 al 4 identifican los permisos del propietario del fichero, del carácter 5 al 7 identifican los permisos del grupo a que pertenece y los tres últimos caracteres identifican los permisos a otros usuarios y otros grupos.

rwxrwxrwx --> u g o

Permisos de acceso a un fichero

r   lectura
w   escritura
x   ejecutable

Tipos de permisos

r	w	x	
2^2	2^1	2^0	Valor Decimal
0	0	0	0
0	0	1	1
0	1	0	2
0	1	1	3
1	0	0	4
1	0	1	5
1	1	0	6
1	1	1	7

u   - Permisos de usuario (el que lo crear)
g   - Permisos de grupos
o   - Otros.

A la hora de crear usuarios, existen los permisos predeterminados, por medio de máscaras.

r   w   x
2^2 2^1 2^0 --> Sistema de numeración. (OCTAL)

$8 / 2 = 2^3$

r-xrw-r--   expresión literal
101 110 100   conversión literal en octal- binaria
  5   6   4   Valor de los permisos numéricamente
u=+rx   g=+rw   o=+r -> (ugo) permisos usando literales.

Mascara de Permisos

umask: es la abreviatura en inglés de **user file creation mode mask** (modo de la máscara de creación de archivos), es decir, el formato de permisos que van a tener los archivos y los directorios que el usuario vaya creando, por lo tanto, este comando sirve para establecer los permisos que tiene por defecto los nuevos ficheros y directorios que vayamos creado.

PASO 1: Crear un fichero de texto.

Existen diferentes formas de crear un(os) ficheros de texto, desde la línea de shell.

a) Crear un fichero en línea de órdenes ($,#, >).

a.1) Crear un fichero vacío.
        touch nombre_fichero

a.2) Crear un fichero con direccionamiento.
        cat > fich001
        .....
        CTRL+D

EJ:

> *# cd /mnt/local*
> *# touch eje001*
> *# cat > eje002*
> *Buenos días Juan*
> *Revolcón o puerta grande*
> *^D*
> *# ls -l*

b) Crear ficheros utilizando editores de líneas o editores de texto.
        vi eje004
        nano eje004
        pico eje005

c) Utilizando un procesador de texto, ...,
        gedit (en entorno gráfico).

d) Agregar información a un fichero que existe.
        echo   otra línea > ejer005
        vi   ejer005
        nano ejer005

e) Se puede hacer con cualquier comando, que permita visualizar información.
        echo   este fichero es nuevo > eje006
        ls   -l
        cat eje006
        echo   añadir una segunda línea >> eje006
        cat eje006

PASO 2: Máscara de permisos.

Para modificar el valor de umask de forma permanente será necesario incluir dicha configuración en **/etc/profile** o **/etc/bash.bashrc** afectando el cambio a todo el sistema; o en los ficheros **~/.profile** o **~/.bashrc** si se quiere aplicar el cambio para un usuario en concreto (es la estructura de creación del **Skeleton**).

La orden umask realiza la **diferencia a nivel de bits** utilizando el operador **AND.**

      umask

a)   Ayuda.

      umask --help

      man   umask

      info   umask

b)   Por defecto, permite visualizar la máscara activa.

      umask

La máscara corresponde a   4 bloques de 3 caracteres. Se expresa numéricamente.

   0 6 2 2-> el primer digito corresponde a los permisos especiales u ocultos.

   u g o --> permisos visibles.

c)   Comprobar los permisos.

      umask -pS

d)   Asignar permisos de máscara en octal.

      umask   0622

      touch   eje003

      umask -pS

      ls -l

      umask   0022

      umask -pS

e) Asignar permisos de máscara con literales.

      umask u=rwx,g=rwx,o=

      touch ejer004

      umask -pS

> **umask**
> **Cálculo del permiso final para ARCHIVOS.**
> Simplemente puede restar el umask de los permisos de base para determinar el permiso final para el archivo de la siguiente manera:
>   666-022 = 644
> - Permisos de base del archivo: 666
> - Valor umask: 022
> - Restar para obtener permisos de archivo nuevo (666-022): 644 (rw-r - r--)
>
> **Cálculo del permiso final para los directorios.**
> Simplemente puede restar el umask de los permisos de base para determinar el permiso final para el directorio de la siguiente manera:
>   777-022 = 755
> - Permisos de bases Directorio: 777
> - Valor umask: 022
> - Resta para obtener permisos de directorio nuevo (777-022): 755 (rwxr-xr-x)

PASO 3: Visualizar el contenido de un fichero de texto plano.

Visualiza con cat y equivalentes.

      cat

      more

      less

a)   Visualizar con cat.

a.1) Ayuda.

      cat --help

a.2) Por defecto.

      cat   eje006

a.3) Visualizar el contenido de un fichero, numerando las líneas.

      cat -b eje006

b)   Visualizar con more.

    Mostrar el contenido de un archivo de texto.

b.1) Ayuda.

      more --help

b.2) Visualizar en SCROLL, pantalla a pantalla.

      more eje006

b.3) No utilizar el scroll.

      more   -p eje006

      more   /etc/passwd >>eje007

      more   /etc/passwd >>eje007

      more   /etc/passwd >>eje007

      more   /etc/passwd

      more   -p /etc/passwd

      more   eje007

      more   -p eje007

c)   Visualizar dentro de programa, con movilidad.

c.1) Ayuda.

      less – help

c.2) Visualizar por defecto.

      less eje007

      (pulsar q--> quit para salir)

d)   Visualizar con direccionamientos, de entrada.

      cat < eje007

      more <eje007

      less <eje007

cat	
Sintaxis: cat [-s] [-v[et]] [fichero ...]	
OPCIÓN	**DESCRIPCIÓN**
-v	Muestra caracteres de control (no imprimibles).
-s	Reemplaza varias líneas en blanco por una única línea4
-t	Como –v pero además imprime tabuladores como ^I
-e	Lo mismo que –v pero también imprime $ al final de cada línea.

more	
Sintaxis: more [-dpcsu] [-num] [+/patrón] [+linenum] fichero ...	
OPCIÓN	**DESCRIPCIÓN**
-num	Especifica el tamaño de pantalla (en líneas)
-d	Visualiza el mensaje "[Press space to continue, 'q' to quit]".
-p	No realiza desplazamiento, sino que limpia la pantalla y visualiza el texto.
-c	No realiza "scroll", visualiza línea a línea de arriba a abajo.
-s	Sustituye varias líneas en blanco consecutivas por una sola.
-u S	Suprime subrayado.
+/patrón	Empieza por la página que contiene la palabra patrón.
+linenum	Comienza en la línea linenum.

less	
Sintaxis:	**less [opciones] lista_de_archivos**
OPCIÓN	**DESCRIPCIÓN**
-e	Hace que less salga automáticamente la segunda vez que alcance el final del fichero. De modo predeterminado la única forma de salir de less es la orden q.
-E	Hace que less salga automáticamente la primera vez que alcance el final del fichero.
-n	Suprime números de línea, y los sustituye por el nº de byte donde está la línea en el conjunto del fichero.
-Q	Suprime toda señal acústica en la búsqueda.
-s	Hace que varias líneas en blanco consecutivas se compriman en una sola.

PASO 4: Cambiar el nombre a un fichero o moverlo a otro directorio.

      mv

a) Ayuda.
    mv --help
    man mv
    info mv

mv	
Sintaxis:	**mv [-opciones] fichero1 fichero2 ..... directorio**
OPCIÓN	**DESCRIPCIÓN**
-i	Pide confirmación antes de sobrescribir.
-f	No pide confirmación.
-b	Crea copias de seguridad de archivos que van a ser sobrescritos o borrados.
-u	No mueve un fichero o directorio que tenga un destino existente con el mismo tiempo de modificación o más reciente.

b) Cambiar el nombre de un fichero.
    mv eje007   eje008
    ls -l

c) Mover un fichero a un directorio.
    mv eje008 vacas
    tree
    mv vacas/eje008 .   (El . "pto" hace referencia al directorio actual)

PASO 5: Copiar ficheros.
        cp

a) Ayuda.
        cp --help

> NOTA: caracteres comodín *, ?

b) Copiar un fichero.
        cp eje* vacas
        tree

cp	
Sintaxis:	**cp [opciones] ficher_origen fichero_destino**
OPCIÓN	**DESCRIPCIÓN**
-b	Crea un backup en el destino en el caso en el que exista un archivo llamado igual que el que queremos generar.
-f	Fuerza el borrado de los archivos destino sin consultar o avisar al usuario.
-i	Informa antes de sobrescribir un archivo en el destino indicado.
-l	Realiza un link en vez de copiar los ficheros.
-p	Realiza la copia de los ficheros y directorios conservando la fecha de modificación de los archivos y carpetas originales.
-r	Copia de forma recursiva.
-S SUFFIX	Añade la palabra "SUFFIX" (o la palabra que le indiquemos, por ejemplo BACKUP) a los archivos de backup creados con el flag "–b".
-u	El comando cp en Linux no copia un archivo o directorio a un destino si este destino tiene la misma fecha de modificación o una fecha de modificación posterior comparándola con el archivo o directorio que queremos mover.
-v	Muestra lo que se está ejecutando.

c) Duplicar un fichero.
        cp eje008 eje007

d) Forzar a borrar un fichero (FICH-DIRECTORIOS).
        cp -f eje* estudias

e) Borrar de forma recursiva.
        cp -r .   fray
        cp -r /etc fray

f) Visualizar lo que se está copiando.
        cp -r -v /etc fray
        tree
        tree -d

PASO 6: Borrar un fichero o directorio.
        rm

a) Ayuda.
        rm --help

b) Por defecto borra, sin entrar en directorios.
        rm eje008

rm	
Sintaxis:	**rm [-if] fichero1 [fichero2 ...]**
	rm [-ifrR] directorio1 [directorio2 ...]
OPCIÓN	**DESCRIPCIÓN**
-i	Interactivo (pide confirmación).
-f	No emite mensajes de error cuando el archivo o directorio no existe.
-r-R	Recursivo. Borra un directorio y todos sus contenidos.

c) Borrar recursivamente.
        rm -r fray

d) Borrar a la fuerza.
        rm -f fray

e) Preguntar antes de borrar (forma interactiva).
        rm -i fray

f) Borrar a la fuerza y recursivamente.
        rm -fr fray
        rm -f -r -i fray
        rm -ri vacas
        tree

PRÁCTICA 9: Cambiar o establecer permisos y propiedades.
DESCRIPCIÓN:

¿A quién se puede otorgar permisos?
Los permisos solamente pueden ser otorgados a tres tipos o grupos de usuarios:
* Al usuario propietario del archivo.
* Al grupo propietario del archivo.
* Al resto de usuarios del sistema (todos menos el propietario).

Permisos:
Se visualizan con ls -l

drwxrwxr-- Visualizamos permisos e identificación de ficheros.

El primer carácter es identificativo de él tipo de sistema de ficheros.

d --> identificativo de directorio.

c --> carácter (dispositivo y el modo de comunicación es a nivel de carácter.

b --> bloque (dispositivo y el modo de comunicación a nivel de bloque.

p --> pipe (pipeline o filtro).

s --> socket.

l --> nivel de enlace.

Ficheros pueden tener los permisos de:

r   lectura

w   escritura

x   ejecutables

Un fichero según el formato de almacenamiento puede ser:

Son ficheros binarios --> creados por compilador: gcc,cc,...).

Ficheros texto --> SCRIPT (fichero de guion, depender del tipo del Shell: sh, bash, csh, tcsh, kcsk, zcsh, zsh,...).

Nomenclatura

Numérica (OCTAL) 734   rwx -wx r--

Literales: u g o (+ |-) rwx

                            a

Existen permisos especiales.

Se suelen especificar con la máscara umask

Cambiar el propietario y el grupo
Para poder cambiar el usuario propietario y el grupo propietario de un archivo o carpeta se utiliza el comando chown (change owner). Para ello hay que disponer de permisos de escritura sobre el archivo o carpeta. La sintaxis del comando es:

chown nuevo_usuario[.nuevo_grupo] nombre_archivo   XZ

Existe 3 tipos de usuarios:
1. **Usuario Normal:** es un individuo particular que puede entrar en el sistema, con más o menos privilegios que harán uso de los recursos del sistema. Como indicador en el prompt utiliza el símbolo $ (dólar). Ejemplo: raul, sergio, mrodriguez, etc. También se les conoce como usuarios de login.
2. **Usuarios de Sistema**, son usuarios propios del sistema vinculados a las tareas que debe realizar el sistema operativo, este tipo de usuario no puede ingresar al sistema con un login normal. Ejemplo: mail, ftp, bin, sys, proxy, etc. También se le conoce como usuarios sin login.
3. **root (superusuario)**, todo sistema operativo GNU/Linux cuenta con un superusuario, que tiene los máximos privilegios que le permitirán efectuar cualquier operación sobre el sistema, su existencia es imprescindible ya que se encarga de gestionar los servidores, grupos, etc.

PASO 1: Orden para cambiar los permisos.
La orden chmod (change mode) es el comando utilizado para cambiar permisos, se pueden agregar o remover permisos a uno o más archivos con + (mas) o – (menos)

chmod

a) Ayuda.

man chmod

info chmod

chmod --help

b) Cambiar los permisos numéricamente.

chmod permisos [ficheros|directorio]

Los permisos son tres números: 777 000

chmod 770 eje001

c) Crear un fichero.

cat >eje010

!#/bin/bash

clear

echo buenos días

chmod

a) Uso de permisos numéricos (en octal).

chmod [opciones] modo-en-octal fichero

Las opciones podemos indicarlas o no, según queramos. Opciones típicas son:

-R para que mire también en los subdirectorios de la ruta.

-v para que muestre cada fichero procesado.

-c es como -v, pero sólo avisa de los ficheros que modifica sus permisos.

b) Establecer permisos usando literales (modos)

chmod [opciones] modo[,modo]... fichero

Para ello tenemos que tener claros los distintos grupos de usuarios:

u: usuario dueño del fichero.

g: grupo de usuarios del dueño del fichero.

o: todos los otros usuarios .

a: todos los tipos de usuario (dueño, grupo y otros).

También hay que saber la letra que abrevia cada tipo de permiso:

r: se refiere a los permisos de lectura.

w: se refiere a los permisos de escritura.

x: se refiere a los permisos de ejecución.

```
^D
umask
0022  --> 110  100  100
```
Para que un script sea ejecutable hay que cambiar los permisos:
```
chmod 744   eje010
rwx--r--    eje010
```

> La terminación del nombre fichero y aparece:
> /   indica que es un directorio.
> *   indica que es un fichero ejecutable.

PASO 2: Ejecutar un fichero.

a) Si es un script se puede preceder por el Shell que quieras que lo ejecute.
```
sh  eje010
bash  eje010
csh  eje010
```
  o cualquier otro programa.
  Preceder al fichero de la ruta actual
b) Es el identificativo del directorio actual.
```
nombre_fichero
```
Ej.:
```
.  eje010
./nombre_fichero
```
Ej.:
```
./eje010
```
c) Se puede ejecutar directamente, si la ruta de búsqueda del sistema operativo, contempla la ruta actual del fichero ejecutable.
```
cp
mv
```
  Se encuentra defina la ruta búsqueda para ficheros ejecutables, en una variable de entorno.
```
PATH
```
  Visualizar las variables de ambiente.

set	
cd	directorio HOME
ls -l	hay cero fichero
ls -la	visualizar en formato largo ficheros ocultos
less .bash_history	fichero que contiene el histórico de órdenes ejecutadas.

d) Los ficheros que el primer carácter es. son ficheros ocultos.
```
cd  /mnt/local/deportes
ls  -l
```
e) Ocultar un fichero, se cambia de nombre y se le pone el primer carácter un punto (.).
```
mv   eje010  .eje010
```
f) Visualizar el contenido del directorio.
```
ls  -l
```
g) Visualizar el contenido del directorio y los ficheros ocultos.
```
ls  -la
```
h) Desocultar un fichero. Se renombra y se quita el primer carácter (.)
```
mv  .eje010  eje010
```
i) Crear un fichero oculto, desde la consola.
```
cat   >.eje011
!#/bin/bash
echo   segundo fichero  script
echo   es un fichero oculto
^D
```
j) Cambiar los permisos a un directorio.
```
mkdir   alumno
ls -l
chmod   700 alumno
ls -l
```

> **Establecer final de fichero en una línea de comandos es:**
> **^D ó CTRL+D**

k) Ocultar un directorio.
```
mv   alumno  .alumno
ls -la
ls -l
```

PASO 3: Cambiar los permisos con literales.

  La chmod (change mode) es el comando utilizado para cambiar permisos, se pueden agregar o remover permisos a uno o más archivos con + (mas) o – (menos)
```
chmod
```
a) Cambiar los permisos.
```
chmod ug-rwx eje010
ls -l
chmod ug+rw eje010
ls -l
chmod u+x g-w o+rx eje010 --> incorrecto
```

> **Con el fin de modificar y eliminar los permisos para ser útil, uno debe ser capaz de modificar el directorio en el que se encuentra el archivo:**
> **#chmod ugo + rwx ./**

```
chmod u+x eje010
chmod g-w ej010
chmod o+rw  eje010
```
Los literales están todos juntos o han de ser ejecutados en órdenes independientes.

b) Establecer todos los permisos a todos las partes (ugo).
```
chmod ugo+rwx  eje010
chmod a+rwx  eje010
chmod a-rwx  eje010
ls -l
chmod ugo+rw eje010
chmod  ugo-w+x eje010
```

c) Conceder acceso de lectura ® en un archivo a todos los miembros de su grupo (g).
```
chmod g + r  eje010
```

d) Conceder acceso de lectura a un directorio a todos los miembros de su grupo:
```
chmod g + rx  /practicas
```

e) Se requiere el permiso "ejecutar" para poder leer un directorio.
```
chmod  ugo +r  /practicas
```

f) Conceder permisos de leer a todos en el sistema en un archivo que usted es dueño de lo que todo el mundo puede leerlo: (u) user, (g) grupo y (o) other.
```
chmod ugo + r  ejer010
```

g) Conceder permisos de lectura y ejecución en un directorio del sistema.
```
chmod ugo + rx  ejer010
```

h) Conceder permisos de lectura y modificación a un archivo que usted es dueño.
```
chmod ugo + rw  ejer010
```

i) Denegar el acceso de lectura a un archivo por todo el mundo excepto a sí mismo.
```
chmod go  -r  ejer010
```

PASO 4: Cambiar el propietario de un fichero.

La orden **chown** permite cambiar el propietario de un archivo o directorio en sistemas Linux. Puede especificarse tanto el nombre de un usuario, así como el identificador de usuario (UID) y el identificador de grupo (GID). Opcionalmente, utilizando un signo de dos puntos (:), o bien un punto (.), sin espacios entre ellos, entonces se cambia el usuario y grupo al que pertenece cada archivo.

Cada archivo de Linux tiene un propietario y un grupo, que se corresponden con el usuario y el grupo de quien lo creó.

El usuario **root** puede cambiar el propietario de cualquier archivo o directorio.
```
chown
```
a) Ayuda.
```
chown --help
```
b) Cambiar el propietario de un fichero. Primero se pone el propietario y luego el nombre del fichero.
```
chown  smr eje010
```

PASO 5: Dar de alta un usuario.

Se de alta al usuario smr en el directorio /home/smr si el directorio de trabajo asignado no existe -m permite que se cree directorio.
```
useradd  -m -d /home/smr     smr
```
Visualizar el fichero de usuario y observar que la última línea contiene el nombre del usuario smr (less permite la movilidad o desplazamiento en el fichero, arriba y abajo, avanzar página o retroceder página, para salir pulsar q-> quit).
```
less  /etc/passwd
```
Una vez dado de alta el usuario smr se establecer la clave o password de este usuario, empleamos la orden passwd.

Nos pide la clave y tecleamos Practica2015*. Las claves se debe introducir dos veces, la segunda es de validación.
```
passwd  smr
: Practica2015*
```

> Si no especificamos el nombre del usuario a cambiar la clave asume por defecto el usuario activo.

Abrir la conexión de una consola nueva, ej.: CTRL+ALT+F2.
```
login: smr
password: Practica015*
```

PRÁCTICA 10: Manejar ficheros de texto en Linux.

DESCRIPCIÓN:

Para Linux todo es un sistema de ficheros, no existen unidades, ni dispositivos, todo se trata como sistema de ficheros, y existe solo un directorio raíz.

Del directorio raíz:

- Solo existe un directorio raíz por sistema operativo de arranque, y todos lo demás parte de él.
- Se representa con símbolo (\).

Las unidades y dispositivos, deben de montarse para manejar.

Una unidad se monta como un directorio más, a partir del punto de montaje. Ej:

```
mount /dev/sdb1 /mnt/disco2
cd    /mnt/disco2
ls -l
```

Tratamiento de ficheros.

- Visualizar ficheros.
- Contar palabras.
- Ver cabeceras de los ficheros.
- Ver pie de un fichero.
- Buscar ficheros.
- Comprimir/ficheros.
- Copiar ficheros.
- Montar/desmontar/visualizar sistemas de ficheros.
- Reparar sistemas de ficheros.

PASO 1: Visualizar el contenido de ficheros de texto plano.

Existen diferentes órdenes que permiten visualizar el contenido de un fichero cuyo contenido es texto, o un fichero de texto plano. De todos ellos el más potente es less, aunque todos se pueden utilizar con tuberías o pipeline.

```
cat
more
less
pg
```

> Permite interactividad, con las teclas de edición.
> q--> Salir de less

a) Ayuda.

```
cat --help
more --help
less --help
pg --help
```

b) Tuberías, filtros, pipe o pipeline.

```
orden1 | orden2 |orden3
more
pg
less
```

Ejemplos:

```
cat  eje007
more eje007
pg   eje007
less eje007
cat  eje007|more
cat  eje007|pg
cat  eje007|less
ls -l /bin |less
```

c) Direccionamientos y redireccionamientos.

```
cat > eje012
cat <eje007
pg  < eje007
more <eje007
less  < eje007
```

Redirección operator	Descripción
>	Direccionamiento de salida, dispositivo o un fichero (si existe me lo cargo y lo creo de nuevo)
<	Direccionamiento de Entrada.
>>	Redireccionamiento de salida, dispositivo o fichero (si no existe crea el fichero y existe lo agrega al final).
>&	Direccionamiento de Salida.
<&	Direccionamiento de Entrada.
|	Tuberia, filtro o pipeline, la salida que realiza la orden de la izquierda en el dispositivo estándar es recogida y enviada de entrada al orden a su derecha: **ORDEN |ORDEN**

Handle	Número equivalente al handle	Descripción
STDIN	0	Entrada por Teclado.
STDOUT	1	Saldia del comando al prompt.
STDERR	2	Error de salida de un comando, visualizado en el prompt.
UNDEFINED	3-9	Sin definir, a espera de definen individualmente por la aplicación y son específicos para cada herramienta.

PASO 2: Contar palabras de un fichero de texto.

```
wc
```

a) Ayuda.

```
wc --help
```

b) Por defecto.

```
wc eje007
```

c) Contar líneas.

```
wc -l eje007
```

d) Contar palabras.

```
wc -w eje007
```

e) Contar los bytes.

wc

Sintaxis:	wc [-opciones] lista_de_archivos
OPCIÓN	DESCRIPCIÓN
-c	Visualiza el número de caracteres. Concretamente cuenta el número de retornos de línea.
-L	Visualiza la longitud de la línea más larga.
-l	Visualiza sólo el número de líneas
-m	Visualiza el número de caracteres.
-w	Visualiza el número de palabras. Una palabra es una cadena separada por un espacio, un tabulador o una nueva línea.

wc -c eje007
f)   Contar los caracteres.
      wc -m eje007

PASO 3: Visualizar la cabecera o parte inicial de un fichero de texto.
      head
a)   Ayuda.
      head --help
      man head
b)   Por defecto.
      head   eje007
      Visualiza las 10 primeras líneas del fichero.
c)   Visualizar un número concreto de líneas (el que se especifique).
      head -4 eje007
      head -15   eje007
      head -22 eje007
d)   Visualizar un número concreto de bytes.
      head -c256   eje007
      head -c643 eje007
e)   Versión del comando.
      head   --versión
      head   -v
f)   Visualizar las cabeceras de varios ficheros.
      head   eje*
      head   -v -c110 eje*
g)   Visualizar varios ficheros el contenido de cabeceras.
      head   eje*   prac*
      head -v   -c150 eje* prac* pru[1-3]*

head	
Sintaxis:	**head [opciones] nombre_de_archivo**
OPCIÓN	**DESCRIPCIÓN**
-n	Especifica cuántas líneas quieres mostrar.
-n número	El número debe ser un entero decimal cuyo signo afecte a la localización en el archivo, medido en líneas.
-c número	El número debe ser un entero decimal cuyo signo afecte a la localización en el archivo, medido en octetos.

Caracteres comodín

*	sustituye por uno o varios caracteres
?	sustituye por un carácter.
[123678]	
[1-3,6-8]	Rangos de un carácter
.	Directorio corriente
..	Directorio anterior
~	Home
~user	Home de user
&	Background
<Ctrl>Z	Para un proceso
;	Separa comandos
\	Continua línea de comandos
!!	Repite el comando previo
!n	Ejecuta el comando número "n"
!-n	Selecciona el evento n anterior
!cadena	Selecciona el evento que inicia con "cadena"

PASO 4: Pie de un fichero de texto.
   Visualizar las últimas líneas de un fichero de texto, por defecto las 10 últimas líneas.
      tail
a)   Ayuda.
      tail --help
b)   Visualización por defecto, solo visualiza las 10 últimas líneas.
      tail eje007
c)   Visualizar el nombre del fichero.
      tail -v eje007
d)   Visualizar un número de líneas concreto.
      tail   -5 -v eje007 (incompatible, estas dos opciones juntas.
      tail   -2 -v eje*   (incompatible, estas dos opciones juntas.
      tail   -5 eje007   correcto.
      tail   -2 eje*   correcto.
      tail -n5 -v eje007   correcto.
      tail -n2 -v eje*   correcto.
e)   e) Visualizar los últimos xxx bytes
      tail -c210   eje*
f)   Ejemplo extraer de un fichero de la línea 5 a la línea 10.
      head -10 eje007 |tail –n6

tail	
Sintaxis:	**tail [opciones] nombre_de_archivo**
Opción	**Descripción**
-l	Especifica las unidades de líneas.
-b	Especifica las unidades de bloques.
-n	Especifica cuántas líneas quieres mostrar.
-c número	El número debe ser un entero decimal cuyo signo afecte a la localización en el archivo, medido en bytes.
-n número	El número debe ser un entero decimal cuyo signo afecte a la localización en el archivo, medido en líneas.

NOTA: **tail head, cut se utilizan en tuberías**

PASO 5: Cortar, limitar un fichero, visualizar parte de un fichero de texto.
      Permite seleccionar por una columna siempre que se encuentren establecidas con tabuladores o delimitadores.
      cut
a)   Ayuda.
      cut --help
b)   Crear un fichero de BBDD, con limitador.
      nano   toros
c)   Delimitador de campos.
      cut -d: toros
      cut -d: -f2 toros   solo 2º campo
      cut -d: -f3 toros   solo 3ª campo
      cut -d: -f1,3 toros
      cut -d: -f1,3-5 toros   el campo 1º, el 3º hasta el 5º
      cut -d: -f1 /etc/password
      cut -d: -f1 /etc/password > usuarios
d)   Mostrar un número de caracteres.
      cat   toros
      cut -c20 toros

cut	
Sintaxis:	**cut [opciones]**
Opción	**Descripción**
-c	Especifica las posiciones de los caracteres.
-b	Especifica las posiciones de los octetos.
-d flags	Especifica los delimitadores y campos.

```
        cut  -c20-45  toros
```
e)   Mostrar un de bytes.
```
        cut  -b3  toros
        cut  -b3-8  toros
```

PASO 6: Visualizar línea una única vez, aunque se repitan a continuación.
Filtra líneas adyacentes que coincidan de ENTRADA (o la entrada estándar), escribiendo en SALIDA (o la salida estándar). Si no se da ninguna opción, las líneas coincidentes se combinan en la primera aparición.
```
        uniq
```
a)   Ayuda.
```
        uniq --help
```
b)   Visualizar por defecto.
```
        ls  -l  >salida010
        ls  -l  >>salida010
        uniq  salida010
        total 8
        rw-------. 1 root root 1234 ago  6 01:55 anaconda-ks.cfg
        lrwxrwxrwx. 1 root root    4 ago  9 22:23 dos0 -> uno0
        lrwxrwxrwx. 1 root root    4 ago  9 22:23 dos1 -> uno1lrwxrwxrwx.
        rw-------. 1 root root 1234 ago  6 01:55 anaconda-ks.cfg
        less  salida010
        total 8
                rw-------. 1 root root 1234 ago  6 01:55 anaconda-ks.cfg
        lrwxrwxrwx. 1 root root    4 ago  9 22:23 dos0 -> uno0
        lrwxrwxrwx. 1 root root    4 ago  9 22:23 dos0 -> uno0
        lrwxrwxrwx. 1 root root    4 ago  9 22:23 dos0 -> uno0
```

PASO 7: Suma de verificación de un archivo.
Muestra la suma de comprobación y el número de bloques para cada FICHERO.
```
        sum
```
c)   Ayuda.
```
        sum --help
```
d)   Suma de verificación por defecto.
```
        sum   salida
        08294   1
```
e)   Usar el algoritmo de System V.
```
        [root@localhost ~]# sum  -s salida
        29528 1 salida
```
f)   Usar el algoritmo de BSD.
```
        [root@localhost ~]# sum -r salida
        08294   1
```

sum	
Sintaxis: sum [OPCIÓN]... [FICHERO]...	
OPCIÓN	DESCRIPCIÓN
-r	Usa el algoritmo de sum de BSD, con bloques de 1K.
-s, --sysv	Usa el algoritmo de sum de System V, con bloques de 512 bytes.

PASO 8: Mezclar líneas de archivos.
Se usa para pegar el contenido de un archivo a otro. También se usa para establecer el formato de columna de cada línea.
```
        paste
```
a)   Ayuda.
```
        paste --help
```
b)   Por defecto. El resultado se deposita en el primer fichero.
```
        cat  > fich001
        Valor1    valor2    valor3
        Valor4    valor5    valor6
        ^D
        cat  > fich002
        Valor01    valor02    valor03
        Valor04    valor05    valor06
        ^D
        root@192:~# paste fich001  fich002
        Valor1    valor2    valor3    Valor01    valor02    valor03
        Valor4    valor5    valor6    Valor04    valor05    valor06
```

paste	
Sintaxis: paste [OPCIÓN]... [FICHERO]...	
OPCIÓN	DESCRIPCIÓN
-s	Pegar un archivo detrás de otro en vez de en paralelo.
-d	Reusar caracteres de la lista en vez de tabulaciones.

c)   Usando delimitadores y una lista de delimitadores. (espacios=TAB y ,)
```
        root@192:~# cat fich003
        primero segundo tercero
        cuarto  quinto  sexto
        root@192:~# cat fich004
        uno     dos     tres,cuatro,cinco
        seis    siete   ocho,nueve,diez
        root@192:~# paste -d fich003 fich004
        uno     dos     tres,cuatro,cinco
        seis    siete   ocho,nueve,diez
```
d)   Pegar en serie.
```
        root@192:~# paste -s fich003 fich004
        primero segundo tercero cuarto  quinto  sexto
        uno     dos     tres,cuatro,cinco    seis    siete   ocho,nueve,diez
```

PRÁCTICA 11: Búsqueda de ficheros.
DESCRIPCIÓN:

Búsquedas con find, este comando puede ser un poco lento cuando necesites buscar en un árbol de directorios muy grande. Aquí el comando locate puede ayudar. Este realmente no busca directamente un archivo en el sistema de ficheros. Busca en una base de datos.

Encontrando ficheros por contenido (buscando cadenas de texto en ficheros).

Las utilidades standard para buscar cadenas de texto en ficheros son grep/egrep para la búsqueda de expresiones regulares y fgrep para buscar cadenas literales.

        find, grep, egrep, fgrep

Existen órdenes de apoyo a las ayudas, para indicar dónde se encuentra un fichero.

        locate, whatis, whereis.

Hay por supuesto otros comandos de búsqueda como awk, sed y grep pero están más enfocados a buscar "dentro" de los archivos.

PASO 1: Localización de órdenes.
        locate, slocate, mlocate, rlocate, whatis, whereis.

a) Ayuda.
        locate

b) Por defecto, Localizar en la BBDD, información sobre el comando a buscar.
        locate   ls
        slocate ls

b.1) Instalar la base de datos.
        updatedb
        /var/lib/slocate/slocate.db

b.2) Buscar en las rutas, en las que aparece esta orden.
        whereis ls

> La orden ls visualiza en formato amplio el contenido del directorio actual y se lo pasa por medio de una pipe a la orden pg que los visualiza pantalla a pantalla y aparece en la parte inferior la información de página (page).

c) Localizar información de ayuda sobre un comando.
        whatis ls --> manual de ayuda
        cd /usr/man
        ls -l |pg

d) Información resumida de que hace un comando.
        whatis   ls
        whatis   pwd
        whatis   whereis
        whatis   iptables

whatis	
Sintaxis:	**whatis [Opciones] PALABRA CLAVE...**
OPCIÓN	DESCRIPCIÓN
-d	Emitir mensajes de depuración
-w	Palabras claves contienen comodines
-l	No recortar la salida al ancho del terminal
-r	Interpreta cada palabra clave como una expresión de registro.
-v	Permite mensajes de depuración

e) Información de donde está el fichero.
        whereis ls
        ls: /bin/ls /usr/share/man/man1/ls.1.gz
        whereis pwd
        whereis man
        whereis su

whereis	
Sintaxis:	**whereis [opciones] archivo**
OPCIÓN	DESCRIPCIÓN
-f	Define la búsqueda.
-b	Buscar solo en binario
-m	Buscar solo rutas manuales.
-s	Buscar solo rutas originales.

f) Información de la ubicación del fichero ejecutable.
        which ls
        /bin/lsw

g) Información de la referencia en el fichero de ayuda de la base de datos updatebd.
        locate ls

PASO 2: Buscar ficheros.
        find

a) Ayuda.
        find --help
        man find

> Excepción: Se utilizan literales, pero solo se encuentra precedidos con (-).

b) Definir que quiero buscar o búsqueda por nombre.
        find (ruta) modificadores o argumentos.
        find / -name ¿Qué?
        find / -name ls

> Se puede cancelar la ejecución de una orden, pulsando ^C.
> **find** antes de buscar por usuarios comprueba la existencia de ese usuario en **/etc/passwd**.

c) Buscar ficheros por tamaño.
        find /dev -size 100k   --> tamaño exacto
        find /dev -size +100k   --> tamaño superior a 100k
        find /dev -size -100k   --> tamaño inferior a 100k

d) Buscar por usuarios.
        find / -user nombre
        find / -user smr

e) Operadores lógicos -o (OR).
        find / -user alumno1 -o -user alumno2
        find / -user alumno1 -o -user alumno2 -o -user smr

f) Buscar todos los ficheros que no pertenezcan a un propietario o usuario concreto.

    not   negación

    find / -not -user smr

    find / -not -user root

> Se puede cancelar la ejecución de una orden, pulsando ^C.

g) Buscar aquellos ficheros que no pertenecen a ningún propietario.

    find / -nouser

    useradd -m -d /home/alumno1 alumno1

    useradd -m -d /home/alumno2 alumno2

    passwd alumno1

    clave: alumno1 (repetirlo 2 veces)

    passwd alumno2

    clave: alumno2 (repetirlo 2 veces)

    find / -not -user root -o -not -user alumno1 -o -nouser

    find / -not -user root -a -not -user alumno1 -a -nouser

    find / -not -user root -a -not -user alumno1 -a -not -nouser

> A partir de la versión del núcleo 2.6 de Linux, cada vez que se crea un usuario se crea un grupo con el mismo nombre del usuario.
> **alumno1 --> alumno1**
> **alumno2 --> alumno2**
> **smr --> smr**

h) Buscar ficheros por grupos.

    find / -group users

    find / -not -group root

h.1) Comprobamos la existencia de los usuarios y grupos creados, en el punto anterior f)

    less /etc/group

    find / -group smr -o -group alumno1

i) Buscar por tipo de fichero.

    find / -type tipo

    find / -type d

    find / -type f

    find / -type b

    find / -type c

    find / -type s

    find / -type p

    find / -type l

    find / -type f -user alumno1 -size +100k

TIPO	DESCRIPCIÓN DEL FICHERO
f	fichero
d	directorio
b	bloque
c	carácter
s	socket
p	pipeline
l	link, enlace simbólico

j) Buscar por permisos.

    find / -perm 770 -type f -user root

    find / -perm 700 -type f -user root

    find $HOME -mtime 0

    find . -perm 664

    find . -perm -220

    find . -perm -g+w,u+w

    find . -perm /220

    find . -perm /220

    find . -perm /u+w,g+w

    find . -perm /u=w,g=w

    find . -perm -444 -perm /222 ! -perm /111

    find . -perm -a+r -perm /a+w ! -perm /a+x

PERMISOS	VALOR NUMÉRICO
rwx	7
rw-	6
r-x	5
r--	4
-rx	3
-r-	2
--x	1
---	0

> Permisos
> -número   -símbolo
> /número   /símbolo

k) Buscar fichero modificados por antigüedad.

k.1) Buscar los ficheros por el último acceso.

    find / -atime +4

    Al fichero se ha accedido en los últimos 4 días.

k.2) Buscar cuando se realizó una modificación anterior a:

    find / -mtime +4

    find / -mtime -4

    find / -mtime 4

> Suponiendo que la fecha actual es 21-03-2014
> +4 se considera entre los días: 18 y 21
> -4 busca por fecha anterior o igual al 18
> 4 busca en una fecha concreta (4 días antes) el 18

k.3) Buscar por fechas la realización del último cambio del fichero.

    find / -ctime -5

    find / -ctime +5

    find / -ctime 5

l) Ejecutar una orden con find.

    find / -type d -exec echo Directorio = {} \;

    find / -type d -exec ls -l {} \;

    find . -type f -exec file '{}' \;

> El comando a ejecutar con find, debe de terminar siempre en {}\;
> {} Indicativo de recepción de cada entrada como parámetro de la búsqueda.
> \; Finalización, los dos caracteres debe ir conjunto, sin espacios.

PASO 3: Comparaciones con -and, -or y -not.

La orden find también incluye operadores booleanos que la hace una herramienta aún más útil:

    find / -name 'ventas*' -and -mmin 120

    find / -name 'Ejer*' -not -user ana

    find / -iname '*enero*' -or -group smr

PASO 4: Buscar información dentro de un fichero.

Permite buscar contenidos de información dentro de un fichero.

grep

El fichero debe ser con formato de texto Plano. (TEXTO).

Se utiliza para buscar en:

- Ficheros Script Shell o de Guion.
- Ficheros exportados de **BBDD,** con formato de:
  - Columnas.
  - Separadores ; , : "".
- Se usa con tuberías **|.**
- Se combina con **cut , find.**

a) Ayuda.

```
man    grep
info   grep
grep   --help
```

b) Buscar una cadena de texto (por defecto).

b.1) grep "cadena a buscar"   **nombre del fichero.**

b.2) find / -name passwd | cut -d : -f1|grep "alumno1".

Ej.:   find / -name passwd | cut -d : -f1|grep "alumno1"

grep "alumno1" /etc/passwd

find / -name passwd |grep "alumno1"

c) Buscar en más de un fichero.

```
cd  /mnt/local
ls  -l
nano  eje010
cat  eje010
cp  eje010  eje011
grep  "esta"  eje010
grep  "esta"  eje01?
grep  "esta"  eje01*
grep  "esta"  eje?1*
```

d) Buscar una cadena sin tener en cuenta o considerar la diferencia entre mayúsculas y minúsculas.

```
grep  -i  "esta"  eje01*
grep  -i  "uscu"  eje01*
```

e) Buscar palabras completas (que no formen parte de una palabra), que no sea una subcadena.

```
grep  -iw  "uscu"  ej010
grep  -i   "uscu"  eje010
grep  -i   "de"    eje010
grep  -iw  "de"    eje010
grep  -i   "es"    eje010
grep  -iw  "es"    eje010
```

f) Buscar un número de línea después de encontrar la palabra que coincida con la cadena.

```
grep  -A2  "ESTA"  eje010
grep  -iA2  "ESTA"  eje010
```

g) Buscar en las líneas anteriores a la palabra coincidente. Mostrar las dos líneas anteriores a la coincidente.

```
grep  -B2  "dos"  eje010
grep  -iB3  "dos"  eje010
```

h) Buscar N líneas Anteriores y posteriores a la coincidente.

```
grep  -C1  "primera"  eje010
```

i) Buscar en todos los archivos de forma recursiva.

Se utilizan rutas y caracteres comodín.

```
grep  -r  -i  "root"  /etc/*
grep  -r  -i  -w  "root"  /etc/*
grep  -riw  "root"  /etc/*
```

j) Buscar las palabras que no coincidan con la cadena a buscar.

```
grep  -v  "ESTA"  eje010
grep  -v  "es"    eje010
grep  -vi  "es"   eje010
grep  -viw  "es"   eje010
```

k) Contar el número de coincidencias, que aparecen.

```
grep  -c  "esta"  eje010
grep  -ci  "es"  eje010
grep  -ciw  "es"  eje010
```

l) Visualizar solo la cadena a buscar.

```
grep  -o  "ESTA"  eje010
grep  -co  "ESTA"  eje010  --> Es incoherente solo se ejecuta c
```

Lista de los patrones de búsqueda de modelos que más frecuentemente puede usar con grep.

CARÁCTER	CONCUERDA
^	El comienzo de una línea de texto.
$	El final de una línea de texto.
.	Cualquier carácter único.
[...]	Cualquier carácter único de la lista o rango entre paréntesis.
[^...]	Cualquier carácter que no esté en la lista o el rango.
*	Cero o más apariciones del carácter precedente o de la expresión regular.
.*	Cero o más apariciones de cualquier carácter único.
\	Ignora el significado especial del próximo carácter.

- Las comillas dobles ("") se utilizan para delimitar el texto que desee que sea interpretado como una palabra.
- Las comillas simples (') se pueden usar para agrupar frases con palabras múltiples formando unidades únicas, o para asegurarse de que determinados caracteres como por ejemplo $ sean interpretados literalmente. Si quiere escribir caracteres como &! $? . ; y \ precedidos de una barra inversa, para que se interpreten como caracteres tipográficos normales.

En Linux pueden existir ficheros
Hola..Juan.mio.es
Todos los programas configurables tiene ficheros .conf

m) Visualizar el número de línea en que se encuentra más el contenido.

     grep -n "ESTA" eje010

     grep -no "ESTA" eje010

     grep -nov "ESTA" eje010

     grep -nv "ESTA" e je010

n) Visualizar solo los ficheros que contienen la palabra a buscar.

     grep -l "root" /etc/*

     Los ficheros que en el contienen la cadena .conf son los ficheros de configuración.

     Hola.Juan.mio.es

o) Mostrar la posición en el fichero, de una cadena.

     grep -b "root" /etc/*

Visualizar los ficheros en formato largo y la salida enviarla a la pipe para que la procese el comando grep y extraiga solo los que el primer carácter sea una d: Directorio.

     ls -l | grep '^d'

Extrae del fichero de definición de usuarios (passwd), todas la líneas que definen en el primer campo o comienzan por user más un número entre 0 y 9 ej: user1:....

     grep '^user[0-9]' /etc/passwd

Extrae del fichero archivo.txt, todas las líneas que comienzan por una letra mayúscula/minúscula entre la A..z y contengan cero o más caracteres y el último carácter de la línea sea un número entre 0 y 9.

     grep '^[A-Za-z]*[0-9]$' archivo.txt

Visualizar todos los ficheros, incluso los ocultos, se pasan al dispositivo de salida a una pipeline, que cede los datos como entrada a la orden grep, y busca.

     ls –a | grep '^\.[^.]'

Buscar una cadena dentro del archivo.txt que:

     grep '^.*,[0-9]\{10,\}' archivo.txt

PASO 5: Utilizar expresiones regulares con egrep.

     egrep

La orden grep entiende dos versiones diferentes de expresión regular sintaxis: "básico" y "extendido". La orden egrep maneja formato extendido:

egrep se utiliza para buscar en los archivos de uno o más argumentos de patrones, pero utiliza la expresión regular que coincide extendida (así como la \ <y \> metacaracteres).

a) Ayuda.

     egrep --help

```
egrep <flags> 'expresión regular'  <fichero>
```

PASO 6: Utilizar expresiones regulares con fgrep.

     fgrep

La orden fgrep se utiliza para busca en los archivos de uno o más argumentos *de patrones*. No utiliza expresiones regulares; en cambio, lo hace la comparación de cadenas directa para encontrar las líneas que coincidan de texto en la entrada.

a) Ayuda.

     fgrep --help

Probar conocimientos y analizar los resultados.

     # find / -type f \(-perm -04000 -o -perm -02000 \)

     # find / -perm -2 ! -type l -ls

     # find / -nouser -o -nogroup -print

     # find /home -name .rhosts -print

PRÁCTICA 12: Crear y manejar dispositivos.

DESCRIPCIÓN:

Los sistemas Linux en general utilizan un método estático de creación de dispositivos, implicando que un gran número de nodos de dispositivo son creados en /dev (literalmente, cientos de nodos) sin tener en cuenta si el dispositivo hardware correspondiente existe en realidad. Esto se hace típicamente mediante un guion MAKEDEV, que contiene una serie de llamadas al programa mknod con los números mayor y menor correspondientes a cada posible dispositivo que pudiera existir en el mundo.

Con el uso del método Udev, sólo se crearán los nodos correspondientes a aquellos dispositivos detectados por el núcleo. Debido a que estos nodos de dispositivo se crearán cada vez que se inicie el sistema, se almacenarán en un sistema de ficheros tmpfs (el cual existe por completo en memoria). Los nodos de dispositivo no necesitan mucho espacio, por lo que la memoria utilizada es muy poca.

Por seguridad, la operación de montar y desmontar solo la puede realizar el superusuario. Para resolver esto se puede usar la opción user en las líneas del fichero /etc/fstab:

Las órdenes utilizadas: mount, umount, mknod, lsusb, eject, fuser.

Administración de dispositivos

Linux utiliza carpetas para montar los diferentes dispositivos de almacenamiento.

/etc/mtab   tabla de sistemas de ficheros montados.
/etc/fstab   tabla de sistemas de ficheros montados.

PASO 1: Listar los dispositivos existentes.

          lsusb

a)   Ayuda.

          lsusb

b)   Listar por defecto los dispositivos.

          lsusb

c)   Listar los dispositivos específicos.

          lsusb -e sda

d)   Listar la jerarquía de árbol de dispositivos USB.

          lsusb

lsusb	
Sintaxis: lsusb [opción]...	
OPCIÓN	**DESCRIPCIÓN**
-s [devnum]	Mostrar sólo los dispositivos con dispositivo específico y/o las líneas de bus (en decimal).
-d proveedor: [producto]	Mostrar sólo los dispositivos con el proveedor especificado y números de identificación de producto (en hexadecimal).
-D Dispositivo	Selecciona el dispositivo que lsusb examinará.
-t	Volcado de la jerarquía de dispositivos USB física como un árbol.

PASO 2: Montar un dispositivo.

a)   Ayuda.

          mount --help

Los tipos pueden ser vfat, ext3, ntfs, xfs, reiserfs, minix y, además, para montar un CD-ROM se utiliza el tipo iso9660, para un montaje en red nfs, etc.

En los sistemas Linux más nuevos no es necesario especificar el sistema de ficheros ya que mount los detecta automáticamente.

Los argumentos dispo y punto_montaje hacen referencia al dispositivo y al directorio en donde se va a montar el sistema de ficheros. Este punto de montaje debe ser un directorio que exista y que además esté vacío.

b)   Visualizar por defecto las unidades montadas.

          mount

c)   Montar un dispositivo usb en la carpeta /media/usb.

          mount -t vfat /dev/sda1 /mnt/usb

d)   Permite montar el fichero imagen.iso en /media/cdrom y en modo solo lectura.

          mount -t iso9660 -o ro,loop ~/cd-isodatos.iso /media/cdrom

e)   Monta un dispositivos flash con la opción noatime (ello reduce el número de escrituras).

          mount -w -o noatime   /dev/sda1   /memstick

f)   Montar dispositivos en FAT.

          mount -t vfat /dev/sdb1 /mnt/usb

          mount -t vfat /dev/hdb1 /mnt/disco1

g)   Montar dispositivos en NTFS.

          mount -t ntfs-3g /dev/sdb1 /media/usb

mount	
Sintaxis:	**mount [opciones] [-t tipo] [-a] [-o opc] dispo punto_montaje.**
OPCIÓN	**DESCRIPCIÓN**
-a	Permite montar todos los sistemas de ficheros especificados en el fichero /etc/fstab.
-f	Realiza un montaje ficticio. Sirve para comprobar si el montaje se realizaría correctamente.
-n	Monta el dispositivo sin escribirlo en el fichero /etc/mtab.
-r	Monta el sistema de ficheros como sólo lectura.
-w	Monta el sistema de ficheros para lectura/escritura (opción por defecto).
-O	Uso junto con -a, para limitar el conjunto de sistemas de archivos para que se aplica. Se puede combinar con -t y es acumulativa la restricción (propio de Slackware). mount -a -O no_netdev mount -a -t ext2 -O _netdev
-o	Las opciones se especifican con una bandera o seguido de una cadena separada por comas de opciones.

PASO 3: Desmontar un dispositivo.

Es importante desmontar un disco antes de extraerlo. Esto da al sistema la oportunidad de completar cualquier escritura pendiente y evita dejar inestable el acceso a las estructuras del dispositivo desmontando el sistema de archivos limpiamente.

El uso del comando umount garantiza que toda la información mantenida en memoria por el sistema operativo se escriba en el dispositivo antes de desmontarlo. Para ello también puede usarse el comando sync dispositivo.

          umount

a)   Ayuda.

          umount—help

b)   Desmonta la unidad de disquete B.

          umount /dev/fd1

umount
**Sintaxis: umount dispositivo	punto_montaje**
Para desmontar un sistema se puede utilizar, indistintamente, el dispositivo o el directorio en el que se encuentra montado.

c)   Desmonta el dispositivo que hubiese sido montado en el directorio /mnt/win.

          umount /mnt/win

d) Permite desmontar todas las unidades.

    umount -a

e) Desmontar todos los sistemas montados del tipo vfat.

    umount -t vfat

f) Desmontar un dispositivo usb montado en nuestro ordenador.

    umount /dev/sda1

    umount /dev/sda2

PASO 4: Crear dispositivos.

    mknod

a) Ayuda.

    mknod --help

b) Para crear un dispositivo, haremos un nuevo nodo de dispositivo de bloques y lo llamaremos disquete en el /dev y usaremos los mismos números de mayor y menor del dispositivo.

    /dev/fd0

    # mknod /dev/disquete b 1 112

c) Crea una segunda entrada y llamada raw.disquete, el cual ser aun dispositivo de carácter basado en el dispositivo existente /dev/fd0.

    # mknod /dev/raw.disquete e 1 112

PASO 5: Visualizar los dispositivos de la BIOS.

    biosdecode

a) Ayuda.

    biosdecode --help

b) Visualización por defecto.

biosdecode [opciones]	
OPCIÓN	DESCRIPCIÓN
-d	Lee el fichero del dispositivo de memoria /dev/mem
-V	Visualizar la versión.

```
root@puesto000:~# biosdecode
# biosdecode 2.11
ACPI 2.0 present.
OEM Identifier: VBOX
RSD Table 32-bit Address: 0x3FFF0000
XSD Table 64-bit Address: 0x000000003FFF0030
BIOS32 Service Directory present.
Revision: 0
Calling Interface Address: 0x000FDA00
PCI Interrupt Routing 1.0 present.
Router ID: 00:01.0
Exclusive IRQs: None
Compatible Router: 8086:7000
Slot Entry 1: ID 00:01, on-board
Slot Entry 2: ID 00:02, slot number 1
Slot Entry 3: ID 00:03, slot number 2
Slot Entry 4: ID 00:04, slot number 3
Slot Entry 5: ID 00:05, slot number 4
Slot Entry 6: ID 00:06, slot number 5
Slot Entry 7: ID 00:07, slot number 6
Slot Entry 8: ID 00:08, slot number 7
Slot Entry 9: ID 00:09, slot number 8
Slot Entry 10: ID 00:0a, slot number 9
Slot Entry 11: ID 00:0b, slot number 10
Slot Entry 12: ID 00:0c, slot number 11
Slot Entry 13: ID 00:0d, slot number 12
Slot Entry 14: ID 00:0e, slot number 13
Slot Entry 15: ID 00:0f, slot number 14
Slot Entry 16: ID 00:10, slot number 15
Slot Entry 17: ID 00:11, slot number 16
Slot Entry 18: ID 00:12, slot number 17
Slot Entry 19: ID 00:13, slot number 18
Slot Entry 20: ID 00:14, slot number 19
Slot Entry 21: ID 00:15, slot number 20
Slot Entry 22: ID 00:16, slot number 21
Slot Entry 23: ID 00:17, slot number 22
Slot Entry 24: ID 00:18, slot number 23
Slot Entry 25: ID 00:19, slot number 24
Slot Entry 26: ID 00:1a, slot number 25
Slot Entry 27: ID 00:1b, slot number 26
Slot Entry 28: ID 00:1c, slot number 27
Slot Entry 29: ID 00:1d, slot number 28
Slot Entry 30: ID 00:1e, slot number 29
SMBIOS 2.5 present.
Structure Table Length: 450 bytes
Structure Table Address: 0x000E1000
Number Of Structures: 10
Maximum Structure Size: 255 bytes
```

```
dmidecode –t TYPE
TYPE
bios
system
baseboard
chassis
processor
memory
cache
connector
slot
```

c) Visualizar el contenido del dispositivo de memoria.

    biosdecode -t

PASO 6: Visualizar los dispositivos DMI.

Muestra la información sobre: Marca versión y fecha de la BIOS, tipo de hardware soportado, marca y modelo de la placa, tipo de socket, tamaño máximo memoria por slot y máximo soportado. Información sobre los puertos y de los slot PCI, así como de los utilizados y los libres.

    dmidecode

a) Ayuda.

    dmidecode --help

```
dmidecode -h
```
b) Visualización por defecto.
```
dmidecode
SMBIOS 2.5 present.
10 structures occupying 450 bytes.
Table at 0x000E1000.
Handle 0x0000, DMI type 0, 20 bytes
BIOS Information
Vendor: innotek GmbH
Version: VirtualBox
Release Date: 12/01/2006
Address: 0xE0000
Runtime Size: 128 kB
ROM Size: 128 kB
Characteristics:
ISA is supported
PCI is supported
Boot from CD is supported
Selectable boot is supported
8042 keyboard services are supported (int 9h)
CGA/mono video services are supported (int 10h)
ACPI is supported
Handle 0x0001, DMI type 1, 27 bytes
System Information
Manufacturer: innotek GmbH
Product Name: VirtualBox
Version: 1.2
Serial Number: 0
UUID: 345400D4-0150-4D45-BD0C-40E3FB67126D
Wake-up Type: Power Switch
SKU Number: Not Specified
Family: Virtual Machine
Handle 0x0008, DMI type 2, 15 bytes
Base Board Information
Manufacturer: Oracle Corporation
Product Name: VirtualBox
Version: 1.2
Serial Number: 0
Asset Tag: Not Specified
Features:
Board is a hosting board
Location In Chassis: Not Specified
Chassis Handle: 0x0003
Type: Motherboard
Contained Object Handles: 0
Handle 0x0003, DMI type 3, 13 bytes
Chassis Information
Manufacturer: Oracle Corporation
Type: Other
Lock: Not Present
Version: Not Specified
Serial Number: Not Specified
Asset Tag: Not Specified
Boot-up State: Safe
Power Supply State: Safe
Thermal State: Safe
Security Status: None
Handle 0x0007, DMI type 126, 42 bytes
Inactive
Handle 0x0005, DMI type 126, 15 bytes
Inactive
Handle 0x0006, DMI type 126, 28 bytes
Inactive
Handle 0x0002, DMI type 11, 7 bytes
OEM Strings
String 1: vboxVer_4.3.28
String 2: vboxRev_100309
Handle 0x0008, DMI type 128, 8 bytes
OEM-specific Type
Header and Data:
80 08 08 00 F0 04 23 00
Handle 0xFEFF, DMI type 127, 4 bytes
End Of Table
```
c) Visualizar todos los tipos validos DMI.
```
dmidecode -t
```
d) Visualizar los tipos DMI.
```
dmidecode -t bios
dmidecode -t system
dmidecode -t baseboard
dmidecode -t chassis
dmidecode -t processor
dmidecode -t memory
dmidecode -t cache
dmidecode -t connector
dmidecode -t slot
```
e) Visualizar todas las cadenas validas DMI.
```
dmidecode -s
```

dmidecode	
OPCIÓN	DESCRIPCIÓN
-d	Leer la memoria a partir del fichero /dev/mem
-q	Less verbose output.
-s STRING	Visualizar solo las cadenas válidas DMI.
-t TYPE	Sólo mostrar las entradas de tipo dado.
-u	No decodificar las entradas HEX..
-V	Visualizar la version y salir.

Cadenas validas dmidecode -s
bios-vendor
bios-version
bios-release-date
system-manufacturer
system-product-name
system-version
system-serial-number
system-uuid
baseboard-manufacturer
baseboard-product-name
baseboard-version
baseboard-serial-number
baseboard-asset-tag
chassis-manufacturer
chassis-type
chassis-version
chassis-serial-number
chassis-asset-tag
processor-family
processor-manufacturer
processor-version
processor-frequency

f) Visualizar el valor de la cadena DMI dada.

```
dmidecode  -s  bios-version
dmidecode  -s  system-product-name
dmidecode  -s  system-uuid
dmidecode  -s  baseboard-product-name
dmidecode  -s  chasis-type
dmidecode  -s  processor-manufacturer
```

PASO 7: Listar parte de nuestro hardware.

e) Muestra toda la información de nuestro procesador y en el caso de ser de doble núcleo, aparece como si fueran dos.

```
less /proc/cpuinfo
processor         : 0
vendor_id         : GenuineIntel
cpu family        : 6
model             : 58
model name        : Intel® Core™ i7-3610QM CPU @ 2.30GHz
stepping          : 9
microcode         : 0x19
cpu MHz           : 2300.000
cache size        : 6144 KB
fpu               : yes
fpu_exception     : yes
cpuid level       : 5
wp                : yes
flags             : fpu vme de pse tsc msr pae mce cx8 apic sep mtrr pge
mca cmov pat pse36 clflush mmx fxsr sse sse2 syscall nx rdtscp lm
constant_tsc rep_good nopl pni monitor ssse3 lahf_lm
bogomips          : 4590.05
clflush size      : 64
cache_alignment   : 64
address sizes     : 36 bits physical, 48 bits virtual
power management:
```

f) Muestra información de la memoria. Se podemos ver cuanta memoria tenemos y cuanta está disponible.

```
less /proc/meminfo
Last login: Fri Aug 14 07:21:44 2015 from i7-dell.home
Linux 3.10.17.
When arguments fail, use a blackjack.
Ed "Spike" O'Donnell

root@192:~# less /proc/meminfo
MemTotal:          1012484 kB
MemFree:            499520 kB
Buffers:            208376 kB
Cached:             176188 kB
SwapCached:              0 kB
Active:             154600 kB
Inactive:           268924 kB
Active(anon):        38972 kB
Inactive(anon):       1040 kB
Active(file):       115628 kB
Inactive(file):     267884 kB
Unevictable:             0 kB
Mlocked:                 0 kB
SwapTotal:         1047528 kB
SwapFree:          1047528 kB
Dirty:                 200 kB
Writeback:               0 kB
AnonPages:           38944 kB
Mapped:              13624 kB
Shmem:                1044 kB
Slab:                67164 kB
SReclaimable:        58816 kB
SUnreclaim:           8348 kB
KernelStack:          1952 kB
PageTables:           4044 kB
NFS_Unstable:            0 kB
Bounce:                  0 kB
WritebackTmp:            0 kB
CommitLimit:       1553768 kB
Committed_AS:       770180 kBxa
VmallocTotal:    34359738367 kB
VmallocUsed:         10024 kB
VmallocChunk:    34359723016 kB
AnonHugePages:       12288 kB
DirectMap4k:         12224 kB
DirectMap2M:       1036288 kB
```

PASO 8: Mostar los dispositivos.

Muestra los dispositivos.

```
lshal
```

a) Ayuda.

```
lshal --help
```

b) Visualización por defecto.

```
lshal
```

c) Filtradrado de la Visualización. Se utiliza pipe, porque sino da una salida muy extensa por lo que vamos a limitarla utilizando una búsqueda selectiva y cortar por la segunda columna y se visualizar la salida en orden alfabético.

lshal | grep info.product | cut -d= -f2 | sort

PASO 9: Mostrar los dispositivos PCI.

lspci

a) Ayuda.

lspci --help

b) Visualización por defecto.

```
lspci
00:00.0 Host bridge: Intel Corporation 440FX - 82441FX PMC [Natoma] (rev 02)
00:01.0 ISA bridge: Intel Corporation 82371SB PIIX3 ISA [Natoma/Triton II]
00:01.1 IDE interface: Intel Corporation 82371AB/EB/MB PIIX4 IDE (rev 01)
```

c) Modos de visualización básica.

```
lspci -m
00:00.0 "Host bridge" "Intel Corporation" "440FX - 82441FX PMC [Natoma]" -r02
"" ""
00:01.0 "ISA bridge" "Intel Corporation" "82371SB PIIX3 ISA [Natoma/Triton II]"
"" ""
00:01.1 "IDE interface" "Intel Corporation" "82371AB/EB/MB PIIX4 IDE" -r01 -p8a
"" ""

lspci -mm
00:00.0 "Host bridge" "Intel Corporation" "440FX - 82441FX PMC [Natoma]" -r02
"" ""
00:01.0 "ISA bridge" "Intel Corporation" "82371SB PIIX3 ISA [Natoma/Triton II]"
"" ""
00:01.1 "IDE interface" "Intel Corporation" "82371AB/EB/MB PIIX4 IDE" -r01 -p8a
"" ""
```

```
lspci -t
-[0000:00]-+-00.0
           +-01.0
           +-01.1
           +-02.0
           +-03.0
           +-04.0
           +-05.0
           +-06.0
           +-07.0
           +-08.0
           +-0b.0
           \-0d.0
```

lspci	
Modos de visualización básicas.	
-mm	Produce salida legible por máquina (-m único para un formato obsoleto).
-t	Mostrar árbol del BUS.
Mostrar opciones.	
-v	Se detalla (-vv para muy detallado) conductores, para mostrar kernel –k qué maneja cada dispositivo.
-x	La parte estándar del espacio de configuración.
-xxx	Mostrar hexadecimal el volcado de todo el espacio de configuración (peligroso; root).
-xxxx	Mostrar hexadecimal el volcado del espacio 4096 bytes de configuración extendida (sólo root) con -b la vista central del BUS (direcciones y IRQ de como se ve por el BUS).
-D	Mostrar siempre los números de dominio.
La resolución de identificación de dispositivos a los nombres.	
-n	Mostrar identificaciones numéricas.
-nn	Mostrar tanto el nombre y la identificación numérica (nombres y números).
-q	Consulta la base de datos de identificación PCI para identificaciones desconocidos a través de DNS.
-qq	Como el anterior, pero re-consulta en caché de las entradas localmente.
-Q	Consultar la base de datos PCI ID para todas las identificaciones a través de DNS.

d) Visualizar en hexadecimal el contenido de todo el espacio de configuración.

```
lspci -x
00:00.0 Host bridge: Intel Corporation 440FX - 82441FX PMC [Natoma] (rev 02)
00: 86 80 37 12 00 00 00 00 02 00 00 06 00 00 00 00
10: 00 00 00 00 00 00 00 00 00 00 00 00 00 00 00 00
20: 00 00 00 00 00 00 00 00 00 00 00 00 00 00 00 00
30: 00 00 00 00 00 00 00 00 00 00 00 00 00 00 00 00
```

e) Visualiza en hexadecimal el contenido de todo el espacio de configuración. (igual)

lspci –xx

f) Visualiza en hexadecimal el contenido de todo el espacio extendido de 4096 bytes.

```
lspci -xxx
00:00.0 Host bridge: Intel Corporation 440FX - 82441FX PMC [Natoma] (rev 02)
00: 86 80 37 12 00 00 00 00 02 00 00 06 00 00 00 00
10: 00 00 00 00 00 00 00 00 00 00 00 00 00 00 00 00
20: 00 00 00 00 00 00 00 00 00 00 00 00 00 00 00 00
30: 00 00 00 00 00 00 00 00 00 00 00 00 00 00 00 00
40: 00 00 00 00 00 00 00 00 00 00 00 00 00 00 00 00
50: 00 00 00 00 00 00 00 00 00 00 00 00 00 00 00 00
60: 00 00 00 00 00 00 00 00 00 00 00 00 00 00 00 00
70: 00 00 00 00 00 00 00 00 00 00 00 00 00 00 00 00
80: 00 00 00 00 00 00 00 00 00 00 00 00 00 00 00 00
90: 00 00 00 00 00 00 00 00 00 00 00 00 00 00 00 00
a0: 00 00 00 00 00 00 00 00 00 00 00 00 00 00 00 00
b0: 00 00 00 00 00 00 00 00 00 00 00 00 00 00 00 00
c0: 00 00 00 00 00 00 00 00 00 00 00 00 00 00 00 00
d0: 00 00 00 00 00 00 00 00 00 00 00 00 00 00 00 00
e0: 00 00 00 00 00 00 00 00 00 00 00 00 00 00 00 00
f0: 00 00 00 00 00 00 00 00 00 00 00 00 00 00 00 00
```

g) Mostrar el identificador del número de dominio.

```
lspci -D
0000:00:00.0 Host bridge: Intel Corporation 440FX - 82441FX PMC [Natoma] (rev 02)
0000:00:01.0 ISA bridge: Intel Corporation 82371SB PIIX3 ISA [Natoma/Triton II]
0000:00:01.1 IDE interface: Intel Corporation 82371AB/EB/MB PIIX4 IDE (rev 01)
0000:00:02.0 VGA compatible controller: InnoTek Systemberatung GmbH VirtualBox Graphics Adapter
0000:00:03.0 Ethernet controller: Intel Corporation 82540EM Gigabit Ethernet Controller (rev 02)
0000:00:04.0 System peripheral: InnoTek Systemberatung GmbH VirtualBox Guest Service
0000:00:05.0 Multimedia audio controller: Intel Corporation 82801AA AC'97 Audio Controller (rev 01)
0000:00:06.0 USB controller: Apple Inc. KeyLargo/Intrepid USB
```

```
0000:00:07.0 Bridge: Intel Corporation 82371AB/EB/MB PIIX4 ACPI (rev 08)
0000:00:08.0 Ethernet controller: Intel Corporation 82540EM Gigabit Ethernet Controller (rev 02)
0000:00:0b.0 USB controller: Intel Corporation 82801FB/FBM/FR/FW/FRW (ICH6 Family) USB2 EHCI Controller
0000:00:0d.0 SATA controller: Intel Corporation 82801HM/HEM (ICH8M/ICH8M-E) SATA Controller [AHCI mode] (rev
02)
```

h) Mostrar identificadores numéricos.

```
lspci -n
00:00.0 0600: 8086:1237 (rev 02)
00:01.0 0601: 8086:7000
00:01.1 0101: 8086:7111 (rev 01)
00:02.0 0300: 80ee:beef
00:03.0 0200: 8086:100e (rev 02)
00:04.0 0880: 80ee:cafe
00:05.0 0401: 8086:2415 (rev 01)
00:06.0 0c03: 106b:003f
00:07.0 0680: 8086:7113 (rev 08)
00:08.0 0200: 8086:100e (rev 02)
00:0b.0 0c03: 8086:265c
00:0d.0 0106: 8086:2829 (rev 02)
```

i) Mostrar el nombre y la identificación numérica.

```
lspci -nn
00:00.0 Host bridge [0600]: Intel Corporation 440FX - 82441FX PMC [Natoma] [8086:1237] (rev 02)
00:01.0 ISA bridge [0601]: Intel Corporation 82371SB PIIX3 ISA [Natoma/Triton II] [8086:7000]
00:01.1 IDE interface [0101]: Intel Corporation 82371AB/EB/MB PIIX4 IDE [8086:7111] (rev 01)
00:02.0 VGA compatible controller [0300]: InnoTek Systemberatung GmbH VirtualBox Graphics Adapter [80ee:beef]
```

j) Visualizar el resultado de la Consulta la base de datos de identificación PCI.

```
lspci -q
00:00.0 Host bridge: Intel Corporation 440FX - 82441FX PMC [Natoma] (rev 02)
00:01.0 ISA bridge: Intel Corporation 82371SB PIIX3 ISA [Natoma/Triton II]
00:01.1 IDE interface: Intel Corporation 82371AB/EB/MB PIIX4 IDE (rev 01)
00:02.0 VGA compatible controller: InnoTek Systemberatung GmbH VirtualBox Graphics Adapter
```

k) Visualiza el resultado de una nueva consulta en caché de las entradas localmente. (En principio igual que lspci -q).

```
lspci -qq
```

l) Visualizar la consultar la base de datos PCI ID para todas las identificaciones a través de DNS.

```
lspci -Q
```

PRÁCTICA 13: Mostrar ficheros que existen en una estructura de Linux.

DESCRIPCIÓN:

Orden estándar es *ls,* con esta orden se utilizan patrones de búsqueda, los metacaracteres.

Metacaracteres.

Metacarácter	Significado
*	Sustituye entre 0 carácter o varios.
?	Sustituye entre 0 y 1 carácter.
[]	Patrones o condiciones.
[-]	Rango de caracteres.
[^] o [!]	Excepto ese conjunto de caracteres.
[a-z]	Rango de caracteres entre a y z ambos inclusive.
[1-6]	Rango numérico entre 1 y 6 ambos inclusive.
[1,3,5,6]	Conjunto de elementos (numéricos).
[a,e,i,o,u]	Conjunto de elementos (vocales).
[^e*]	Que no contenga la letra e.
[$a]	Debe terminar en la letra a.
{}	Sustituye string o cadenas dentro de las llaves.
{mi,asa}	Archivos o directorios que contengan mi o asa.
|	Permite una alternativa para elegir entre dos expresiones.
//	Delimita una expresión regular.
\	Protege el siguiente metacaracter.
{n}	Repetición de n veces el carácter o subexpresión previos.
{n,}	Repetición de n veces el carácter o subexpresión previos.
{n,m}	Repetición entre n y m veces el carácter o subexpresión previos.

METACARACTERES NO IMPRIMIBLES.

METACARÁCTER	SIGNIFICADO
\a	Pitido, el carácter BEL (07 en hexadecimal).
\e	Escape (1B en hexadecimal).
\cx	"control-x", donde x es el carácter correspondiente.
\f	Nueva página (0C hexadecimal).
\n	Nueva línea (0A hexadecimal).
\r	Retorno de carro (0D hexadecimal).
\t	Tabulador (09 hexadecimal).
\xhh	Carácter con código hh hexadecimal.
\ddd	Carácter con código ddd en octal.

Clases

Se pueden especificar las clases de caracteres según varias sintaxis, POSIX, tradicional o Unicode.
Según la sintaxis de clases POSIX, se indica [:clase:]

Clase	Significado
[:alpha:]	Carácter alfabético.
[:alnum:]	Carácter alfanumérico.
[:ascii:]	Carácter ascii
[:blank:]	Espacio, incluye tabulador (también \s según la sintaxis tradicional).
[:cntrl:]	Carácter de control.
[:digit:]	Un dígito (también \d según la sintaxis tradicional).
[:graph:]	Carácter gráfico.
[:lower:]	Letra minúscula.
[:print:]	Carácter imprimible.
[:punct:]	Carácter de puntuación.
[:space:]	Espacio (también \s según la sintaxis tradicional).
[:upper:]	Letra mayúscula.
[:word:]	Palabra (también \w según la sintaxis tradicional).
[:xdigit:]	Dígito hexadecimal.

OTROS METACARACTERES

Metacarácter	Significado
\D	Cualquier carácter que no sea un dígito decimal (equivaente a [^:digit:])
\S	Cualquier carácter que no sea un espacio en blanco (equivalente a [^:blank:]
\w	Cualquier carácter de una palabra.
\W	Cualquier carácter que no sea de una "palabra".

Ejemplos:

Expresión	Significado
/[a-z]/	Una letra minúscula. El "-" indica un rango, que en este caso comienza en "a" y termina en "z".
/[A-Z]/	Una letra mayúscula.
/[0-9]/	Un dígito.
/[,'¿!¡;.?]/	Un carácter de puntuación.
/[A-Za-z]/	Una letra salvo acentuadas y ñ.
/[A-Za-z0-9]/	Una letra, salvo acentuadas y ñ, o un dígito.
/[^a-z]/	Cualquier carácter salvo una letras minúscula.
/[^0-9]/	Cualquier carácter salvo un número.

LITERALES

Consta de: dos literales :tn: y (EN)midominio.dom (el "." va protegido).Un anclaje, el $ que indica final de línea dos conjuntos de caracteres [ ] que representa un espacio en blanco y [^(EN)] que indica todo lo que no sea (EN). Los cuantificadores * que indica en este caso posibles espacios en blanco y + que indica repetición de una o más veces el carácter anterior, en este caso todo lo que no sea (EN). Los metacaracteres * y + se analizan con más detalles en su apartado específico.

```
/En:[  ]*[^(EN)]+(EN)midominio\.dom$/
```

Metacarácter como literal

Utilizar un metacarácter como literal tendremos que protegerlo con una contrabarra ("\").Un caso particular es usar expresiones regulares dentro de una shell, por ejemplo un script de shell. En este caso deberíamos realizar en algunos casos una doble protección con la contrabarra, una para protegerlo en shell y otra para protegerlo en la expresión regular.

```
X="La variable \$X está definida"
```

Se almacena, "La variable $X está definida". Esta cadena como expresión regular no tiene el signo $ protegido.
Si quisiéramos almacenar "La variable \$X está definida" hay que poner:

```
X="La variable \\\$X está definida"
```

PASO 1: Comando ls.

Visualizar o lista el contenido de información del directorio actual.

ls

a) Ayuda.

ls --help

b) Visualización por defecto

ls

c) Visualizar en formato amplio o largo.

ls -l

d) Visualizar todos los ficheros y directorios (incluyen los ocultos).

ls -a

ls -la

> Directorio activo ./

e) Visualizar el directorio activo y actual.

ls -d

ls -dl

pwd

Fichero ejecutables, fuera de la ruta de búsqueda hay que precederlo de ./.

ls -li /etc

f) Listar por tiempo de modificación de un inodo.

ls -t /sbin

ls -tl /bin

g) Listar los contenidos del directorio en función de la versión (actualización ficheros).

ls -v /bin

ls -lv /bin

h) Visualizar todos los ficheros o directorios ocultos (sin ignorar. ..).

ls -la /bin

i) Visualizar todos los ficheros o directorios ocultos, incluidos menos (.) (..)

ls -lA /bin

No listar los ficheros de copia de seguridad (~).

cd /mnt/local

ls -B

ls -lB

j) Invertir el orden de visualización.

ls -lB

ls -lB -r

k) Visualizar el fichero por Tamaño.

ls -lS

l) Invertir, lo contrario del tamaño mayor al menor.

ls -lS -r

m) Visualizar él una columna con el tamaño de bloques.

ls -ls

n) El número de bloques es la primera columna que aparece.

ls -lsS

ls -lsSr

o) Invertir la selección.

ls -lsSi

Se agrega una columna (1ª) con el número de inodo de inodo.

ls -lsSir

p) Listar los ficheros por fecha de creación o última modificación.

ls -t

ls -lt

q) Desactivar el color y visualizar en columnas.

ls -f

ls -lf

r) Visualizar en formato largo los ficheros omitiendo la columna del propietario.

ls -g

ls -lg

s) Visualizar en formato largo los ficheros omitiendo la columna del grupo.

ls -G

ls -LG

t) Visualizar en multicolumna ordenada horizontalmente.

ls -x

u) Visualizar en multicolumna ordenada verticalmente. Visualización por defecto.

ls

ls

Sintaxis: ls [-aAcCdfFgilLmnpqrRstux1] [ruta ...]

OPCIÓN	DESCRIPCIÓN
-a	Lista todas las entradas.
-F	Pone '/' al final de directorios, '*' al final de ejecutables y '@' al de enlaces simbólicos, '|' FiFo.
-i	Muestra el número de inodo en la columna 1
-l	Listado largo.
-n	Con –1 muestra UID/GID.
-p	Pone '/' al final de los directorios.
-r	Invierte el sentido de ordenación.
-s	Muestra tamaño en bloques.
-u	Sentido de ordenación por la fecha del último acceso.
-1	Fuerza el formato de un nombre de fichero en cada línea.
-A i	Igual que -a pero no lista los directorios '.' y '..'.
-L	Sigue los enlaces simbólicos.
-o	Como -l pero no muestra grupo.
-q	Muestra los caracteres no visualizables.
-R	Lista recursivamente directorios.
-t	Ordena por fechas.
-x	La salida se realiza en multicolumna ordenada horizontalmente.

Visualiza en columnas y establece la diferencia por colores y en su terminación.

/	Directorios (azul oscuro).
*	Ejecutables (verde).
~	Copias de seguridad (.bak, bk!).
|	Pipes.
=	socket (morado).
->	Enlace (azul claro).

v) Visualizar en formato amplio igual –l, y no muestra grupos.
```
ls -o
```
w) Visualizar el contenido de todos los directorios recursivamente, y en formato amplio.
```
ls  -lR
```
x) Visualizar por la fecha del último acceso, en formato amplio.
```
ls -lu
total 2260
drwxr-xr-x  5 root root     4096 Aug  7 04:40 ConsoleKit/
rw-r-r--  1 root root     4593 Aug  9 14:49 DIR_COLORS
rw-r-r--  1 root root       26 Aug  9 11:42 HOSTNAME
```
y) Visualizar el UID/GUID.
```
ls  -ln
total 1124
rw-r-r--.  1  0  0      16 ago  6 01:54 adjtime
rw-r-r--.  1  0  0    1518 jun  7  2013 aliases
rw-r-r--.  1  0  0   12288 ago  6 03:22 aliases.db
drwxr-xr-x.  2  0  0    4096 ago  6 01:35 alternatives
rw-------.  1  0  0     541 jul 30  2014 anacrontab
```
z) Visualizar en formato amplio y agregar uno de estos símbolos al final del nombre del fichero (* / => @ |).
```
ls -lF
drwxr-xr-x  2 root root     4096 Apr 18  2013 auto.master.d/
rw-r-r--  1 root root      524 Apr 18  2013 auto.misc
rwxr-xr-x  1 root root     1260 Apr 18  2013 auto.net*
rwxr-xr-x  1 root root      687 Apr 18  2013 auto.smb*
```
aa) Visualizar.
```
ls -li
 33554589 -rw-r-r--.  1 root root      23 abr  1 00:27 system-release-cpe
 33907631 -rw-------.  1 tss  tss    6411 jun 10  2014 tcsd.conf
 33555576 drwxr-xr-x.  2 root root       6 jun 11  2014 terminfo
100951830 drwxr-xr-x.  2 root root       6 mar  6 06:48 tmpfiles.d
101208979 drwxr-xr-x.  2 root root      67 ago  6 01:35 tuned
```
bb) Visualizar agregar / al final de nombre del directorio.
```
ls -lp
drwxr-xr-x.  2 root root       32 ago  6 01:35 wpa_supplicant/
drwxr-xr-x.  5 root root       54 ago  6 01:34 X11/
drwxr-xr-x.  4 root root       36 ago  6 01:34 xdg/
drwxr-xr-x.  2 root root        6 jun 10  2014 xinetd.d/
drwxr-xr-x.  6 root root     4096 ago  6 01:35 yum/
rw-r-r--.  1 root root      970 mar  9 21:39 yum.conf
drwxr-xr-x.  2 root root     4096 mar  9 21:39 yum.repos.d/
```
cc) Visualizar todos los ficheros que terminen en un carácter.
```
[root@localhost bin]# ls   -l  [$o]*
ls: no se puede acceder a []*: No existe el fichero o el directorio
[root@localhost bin]# ls   -l  [$a]*
ls: no se puede acceder a []*: No existe el fichero o el directorio
[root@localhost bin]# ls   -l  | grep  'ep'
```
dd) Visualizar todos los ficheros que tengan en el primer carácter una a, e, o cualquier otro carácter comprendido entre la letra b y la p.
```
ls -l /bin/[a,e,b-p]*
[root@localhost bin]# ls   -l  [a,e,b-p]*
rwxr-xr-x. 1 root root   29016 mar  5 23:27 addr2line
rwxr-xr-x. 1 root root      29 mar  5 23:06 alias
lrwxrwxrwx. 1 root root       6 ago  6 01:35 apropos -> whatis
rwxr-xr-x. 1 root root   58472 mar  5 23:27 ar
rwxr-xr-x. 1 root root   33048 jun 10  2014 arch
```
ee) Visualizar cualquier fichero que tengan en el primer carácter desde la letra a hasta la m minúscula o desde la letra A hasta la M y cualquier otro(s) carácter(es).
```
ls -l /bin/[a-m,A-M]*
[root@localhost bin]# ls   -l  [a-m,A-M]*
rwxr-xr-x. 1 root root   29016 mar  5 23:27 addr2line
rwxr-xr-x. 1 root root      29 mar  5 23:06 alias
lrwxrwxrwx. 1 root root       6 ago  6 01:35 apropos -> whatis
rwxr-xr-x. 1 root root   58472 mar  5 23:27 ar
rwxr-xr-x. 1 root root   33048 jun 10  2014 arch
rwxr-xr-x. 1 root root  365200 mar  5 23:27 as
```
ff) Visualizar todos los ficheros y directorios cuyo primer carácter sea una e o una a.
```
ls -l /bin/[$a,e]*
[root@localhost bin]# ls   -l  [$a,e]*
rwxr-xr-x. 1 root root     320 jun 10  2014 easy_install
rwxr-xr-x. 1 root root     328 jun 10  2014 easy_install-2.7
rwxr-xr-x. 1 root root   33040 jun 10  2014 echo
rwxr-xr-x. 1 root root     158 mar  6 01:17 egrep
rwxr-xr-x. 1 root root   45640 mar  6 06:59 eject
rwxr-xr-x. 1 root root   32920 mar  5 23:27 elfedit
rwxr-xr-x. 1 root root   28960 jun 10  2014 env
rwxr-xr-x. 1 root root   36816 jun 10  2014 envsubst
rwxr-xr-x. 1 root root  147880 jun  9  2014 eqn
```

```
lrwxrwxrwx. 1 root root        2 ago  6 01:34 ex -> vi
rwxr-xr-x. 1 root root   33216 jun 10  2014 expand
rwxr-xr-x. 1 root root   37384 jun 10  2014 expr
```

gg) Visualizar todos los ficheros que terminen en a, pero se invierte y visualiza todos los ficheros que comiencen por a.

ls -l /bin/[$^a*]

ls -l /bin/[$^a*]*

ls -l /bin/[$^a]*

```
rwxr-xr-x. 1 root root   29016 mar  5 23:27 addr2line
rwxr-xr-x. 1 root root      29 mar  5 23:06 alias
lrwxrwxrwx. 1 root root       6 ago  6 01:35 apropos -> whatis
rwxr-xr-x. 1 root root   58472 mar  5 23:27 ar
rwxr-xr-x. 1 root root   33048 jun 10  2014 arch
```

hh) Visualizar que comiencen por o.

ls -l /bin/[$^o]*

```
rwxr-xr-x. 1 root root 224280 mar  5 23:27 objcopy
rwxr-xr-x. 1 root root 332248 mar  5 23:27 objdump
rwxr-xr-x. 1 root root  66320 jun 10  2014 od
rwxr-xr-x. 1 root root 190816 jun 10  2014 oldfind
lrwxrwxrwx. 1 root root       6 ago  6 01:35 open -> openvt
rwxr-xr-x. 1 root root 508680 mar  6 05:49 openssl
rwxr-xr-x. 1 root root  19928 mar  6 04:13 openvt
rwxr-xr-x. 1 root root   5618 jun 10  2014 os-prober
```

ii) Visualizar todos los ficheros y directorios que contengan una cadena o parte, que contengan (ae),(la), (sy) y cualquier otro carácter.

ls -l /bin/{ae,la,sy}*

```
ls: no se puede acceder a ae*: No existe el fichero o el directorio
rwxr-xr-x. 1 root root   19568 jun 10  2014 last
lrwxrwxrwx. 1 root root       4 ago  6 01:34 lastb -> last
rwxr-xr-x. 1 root root   15392 mar  6 06:32 lastlog
rwxr-xr-x. 1 root root   28952 jun 10  2014 sync
rwxr-xr-x. 1 root root 357752 mar  6 06:48 systemctl
```

jj) Visualizar los ficheros en una sola columna, en formato simple.

ls -1

```
[
addr2line
alias
apropos
```

kk) Visualizar los ficheros en una sola columna formato amplio visualizando el UID/GUID.

ls -1 -n

PRÁCTICA 14: Tratamiento de ficheros en Linux.

DESCRIPCIÓN:

Los sistemas Unix, y Linux en particular disponen de herramientas avanzadas que permiten la manipulación de ficheros de texto para poder extraer información y modificarlos. Esto es realmente importante ya que la mayoría de los ficheros de configuración de un sistema Linux son ficheros de texto que habitualmente tendremos que manipular.

Manipular información de los ficheros:

- Comparar ficheros.
- Comprimir/descomprimir ficheros.
- Compactar ficheros.

PASO 1: Comparar ficheros IGUALES.

La comparación binaria se realiza hasta el final de los archivos, siempre y cuando la cantidad de bytes a comparar es la misma.

    cmp

a) Ayuda.

    man cmp

    cmp --help

    info cmp

b) Comparar ficheros.

    Usar direccionamientos

    ls -l /bin > salida1

    ls -l /sbin > salida2

    cmp -c salida1 salida2

c) Visualizar ficheros de texto.

    cat

    more

    less

    cat salida1

    cat salida2

c.1) Invertir la visualización.

    cat eje010

    tac eje010

    cat salida1 > salida3

    tac salida1 > salida4

    ls -l

    cmp -c salida1 salida3

    cmp -c salida1 salida4

d) Visualizar diferencias a nivel de byte.

    cmp -b salida1 salida4

cmp

Sintaxis:	cmp [opciones..] file1 file2
OPCIÓN	**DESCRIPCIÓN**
-c	Muestra los octetos distintos como caracteres.
-l	Muestra el número de octetos (decimal) y el valor de octetos distintos (octal) para cada diferencia.
-s	No muestra nada para archivos distintos, devuelve el estado de salida únicamente.

> **cmp** --> primero compara es el tamaño igual asume que contiene la misma información.

PASO 2: Mostrar diferencias.

Permite comparar dos ficheros línea a línea y nos informa de las diferencias entre ambos ficheros.

    diff

a) Ayuda.

    diff --help

b) Mostrar las diferencias entre ficheros por defecto.

    diff salida1 salida4

    cat salida1 >salida5

    cat salida1 >>salida5

c) Visualizar diferencias de forma de página.

    diff -l salida1 salida5

d) Permite compara directorios (recursiva).

    diff -r /bin /sbin

e) Compara los archivos uno junto al otro, ignorando los espacios en blanco.

    diff -by salida1 salida5

f) Compara los archivos ignorando las mayúsculas/minúsculas.

    diff -iy salida1 salida5

diff

Sintaxis:	diff [opciones...] fichero1 fichero2
OPCIÓN	**DESCRIPCIÓN**
-a	Trata todos los archivos como texto y los compara línea-a-línea.
-b	Ignora cambios en la cantidad de espacios blancos.
-c	Usa el formato de salida del contexto.
-e	Hace que la salida sea un script ed válido.
-H	Usa la heurística para acelerar el manejo de grandes archivos que tienen pequeños cambios dispersos.
-i	Ignora los cambios entre mayúsculas y minúsculas, las considera equivalentes.
-n	Mostrar en formato RCS, como -f excepto que cada comando especifica el número de líneas afectadas.
-q	Mostrar diffs en formato RCS, como -f excepto que cada comando especifica el número de líneas afectadas.
-r	Cuando compara directorios, compara repetidamente cualquier subdirectorio encontrado.
-s	Informa cuando dos archivos sean iguales.
-w	Ignora los espacios en blanco cuando compara líneas.
-y	Utiliza el formato de salida uno junto al otro.

PASO 3: Mostrar diferencias comparando ficheros por columnas.

    cd /mnt/local

    cat > datos

a) Ayuda.

    comm --help

b) Defecto.

    comm -1 -1 datos datos1

c) Comparar por columnas.

    comm -1 -2 salida salida1

    comm -3 salida salida1

comm	
Sintaxis:	**comm [opciones]... fichero1 fichero2**
OPCIÓN	**DESCRIPCIÓN**
-1	Suprimir líneas exclusivas de archivo izquierda
-2	Suprimir líneas exclusivas de archivo correcto
-3	Suprimir las líneas que aparecen en ambos archivos.

PASO 4: Ordenar ficheros de texto.

    sort

a) Ayuda.

    sort --help

b) Por defecto.

    sort datos

    sort datos > salida

    cat salida

    sort datos1 >salida1

sort	
Sintaxis:	**sort [opciones] nombre_de_archivo**
OPCIÓN	**DESCRIPCIÓN**
-r	**Ordena en orden inverso.**
-u	Si la línea está duplicada la muestra sólo una vez.
-o nombre_archivo	Envía la salida ordenado a un archivo.

PASO 5: Compresión/Descompresión de archivos.

    gzip

a) Ayuda.

    gzip --help

b) Defecto.

  Crear un fichero que contenga información.

    ls -lR / > comprime

    ls -lR / > comprime &2>error

    ls -l

    gzip   comprime

    ls -l

gzip	
Sintaxis: gzip	
OPCIÓN	**DESCRIPCIÓN**
-l	Información sobre la compresión de un fichero .gz
-S	Cambiar la extensión .gz
-r	Comprimir directorios.
-c	Redireccionar la salida de un fichero comprimido.
-t	Comprobar la integridad de un fichero comprimido
-d	Descomprimir ficheros .gz.

    El origen --> comprimir desaparece me queda el fichero comprimido con la extensión .gz

c) Descomprimir directamente con gzip.

    gzip -d comprime.gz

    ls -l

  Desaparece el fichero comprimido y aparece el fichero descomprimido, sin los caracteres .gz.

d) Redirecciona la salida de un fichero comprimido. El comando *gzip* si no lleva ficheros, entonces lee de la entrada estándar y para guardar la compresión tenemos que mandarla a la salida estándar y redireccionarla a un fichero.

    man ln | gzip -c > salida.ln.man.gz

e) Comprobar la integridad de un fichero comprimido.

    gzip -t comprime.gz

f) Orden de descomprimir.

    gzip   comprime

    ls -l

    gunzip   comprime.gz

    ls -l

tar	
Sintaxis: tar <opciones> archivo_a_crear <archivos_a_adicionar>	
OPCIÓN	**DESCRIPCIÓN**
-c	Indica a tar que cree un archivo.
-v	Indica a tar que muestre lo que va empaquetando.
-f	Indica a tar que el siguiente argumento es el nombre del fichero.tar.
-x	Indica a tar que descomprima el fichero.tar.
-v	Indica a tar que muestre lo que va desempaquetando.
-t	Lista el contenido del fichero .tar
-r	Añadir un fichero al final de un archivo .tar.
-z	Formato del fichero gz.

g) Comprime un directorio, incluido el contenido de un subdirectorio.

    gzip -r tmp

h) Cambiar la extensión de salida del/los ficheros.

    gzip -S .gzip ls.man rm.man

PASO 6: Comprimir ficheros y directorios (Empaquetar|Desempaquetar).

    tar

a) Ayuda.

    tar --help

b) Comprimir utilizando el formato .tar (si se utilizan cintas de copias de seguridad streamer   la compresión se realiza con bar).

    tar cf salida01.tar . --> mal

    tar cf salida01.tar /etc

    ls -l

c) Comprimir un fichero compactado.

    ls -l

    gzip   salida01.tar

    ls -l

    gunzip salida01.tar.gz

d) Visualizar el contenido de un fichero compactado.

    tar tf salida01.tar

    Descomprimir--> Descompactar

    tar xf salida01.tar   ./estudiar

e) Agregar información a un fichero compactado.

    tar rf salida01.tar /bin

```
tar  -tf  salida01.tar
tar  rf salida01.tar  ./estudiar
tar  tf  salida01.tar
rm  -r  estudiar
tar  xf  salida01.tar
```

f) Actualizar un fichero compactado.

```
tar  uf  salida01.tar ./nuevo
```

g) Comprimir en formato .gz.

```
tar  czvf  salida02.gz  /etc
mv  salida02.tar salida02.gz
```

h) Borrar directorios.

```
rm  -rf  etc
ls   -l
tar  xzvf  salida02
```

i) Descomprimir un fichero .tar .gz.

```
tar  xvf  copia.tar  ./local
tar  xzvf  copia2.gz  ./local1
```

Ejemplo:

```
tar  czvf  salida001.gz  /bin
tar  czvf  salida002.gz  /etc
ls  -l /   > texto01
ls  -l /etc  > texto02
gzip  texto01
gzip  texto02
```

j) Ayuda.

```
bzip2  --help
```

i) Para comprimir ficheros en formato bz2, se utiliza el siguiente comando:

```
bzip text02
```

j) Para descomprimir ficheros .bz2, se usa el comando siguiente:

```
bzip2  -d fichero.bz2
```

PASO 7: Manipular ficheros comprimidos de texto.

zcat, zmore, zcmp, zdiff

a) Ayuda.

```
zcat       --help
zmore      --help
zcmp       --help
zdiff      --help
```

b) Visualizar el contenido de un fichero comprimido de texto.

```
zcat   texto01.gz
zcat   texto02.gz
zcat   texto01.gz | less
zcat   texto02.gz | less
```

c) Visualizar el contenido de un fichero comprimido, por pantalla, por scroll.

```
zless  texto01.gz
zless  texto02.gz
```

d) Visualizar el contenido de un fichero comprimido de texto pausadamente (pantalla a pantalla) scroll.

```
zmore  texto01.gz
zmore  texto02.gz
```

e) Comparar ficheros comprimidos iguales.

```
zcmp  texto01.gz  texto02.gz
```

f) Comparar ficheros de texto diferentes.

```
zdiff  texto01.gz  texto02.gz
```

Ejemplos:

```
cat  /etc/passwd  >salida03
cat  /etc/group   >salida04

gzip  salida03
gzip  salida04

zcat   salida03.gz
zmore salida03.gz

zcat   salida04.gz
```

bzip2

Sintaxis: bzip2 [opciones] fichero

OPCIÓN	DESCRIPCIÓN
-d	Fuerza a la descompresión.
-z	Fuerza a la compresión.
-k	Mantener (no eliminar) los archivos de entrada.
-f	Sobrescribir los archivos de salida existentes.
-t	Testea la integridad del fichero de compresión.
-c	Salida estándar out.
-q	Suprimir los mensajes de error no críticos.
-v	Visualizar la compresión.
-s	Usar menos memoria (como máximo 2500K).
-1 .. -9	Establecer el tamaño de bloque entre 100k...900k.
--fast	Alias para -1.
--best	Alias para -9.

Orden	Uso
tar	Empaquetar: tar -cvf fichero.tar /pract/mi/todo/ Desempaquetar: tar -xvf fichero.tar Ver contenido tar -tf fichero.tar
gz	Comprimir: gzip -9 fichero Descomprimir: gzip -d fichero.gz
bz2	Comprimir: bzip fichero Descomprimir: bzip2 -d fichero.bz2 gzip ó bzip2 sólo comprimen ficheros [no directorios, para eso existe tar]. Para comprimir y archivar al mismo tiempo hay que combinar el tar y el gzip o el bzip2 de la siguiente manera, pasos siguientes de la tabla
tar.gz	Ficheros Comprimir: tar -czfv fichero.tar.gz ficheros Descomprimir: tar -xzvf fichero.tar.gz Ver contenido: tar –tzf fichero.tar.gz
tar.bz2	Comprimir: tar -c ficheros	bzip2 > ficheroar.bz2 Descomprimir: bzip2 -dc fichero.tar.bz2	tar -xv Ver contenido: bzip2 -dc fichero.tar.bz2	tar -t
zip	Comprimir: zip fichero.zip ficheros Descomprimir: unzip fichero.zip Ver contenido: unzip -v fichero.zip
lha	Comprimir: lha -a fichero.lha ficheros Descomprimir: lha -x fichero.lha Ver contenido: lha -v fichero.lha Ver contenido: lha -l fichero.lha
arj	Comprimir: arj a fichero.arj ficheros Descomprimir: unarj fichero.arj Descomprimir: arj -x fichero.arj Ver contenido: arj -v fichero.arj Ver contenido: arj -l fichero.arj
zoo	Comprimir: zoo a fichero.zoo ficheros Descomprimir: zoo -x fichero.zoo Ver contenido: zoo -L fichero.zoo Ver contenido: zoo -v fichero.zoo
rar	Comprimir: rar -a fichero.rar ficheros Descomprimir: rar -x fichero.rar Ver contenido: rar -l fichero.rar Ver contenido: rar -v fichero.rar

zmore salida04.gz

zcmp   salida04.gz   salida03.gz

zdiff   salida03.gz   salida04.gz

Muestra el número de línea.

zdiff -n salida03.gz   salida04.gz

Mostrar y marcar las diferencias.

zdiff -c salida03.gz   salida04.gz

PRÁCTICA 15: Crear accesos o enlaces blandos y duros en Linux.
DESCRIPCIÓN:
¿Qué son? ¿Para qué sirven?

Linux, **cada archivo en el sistema está representado por un inodo**. Un inodo no es más que un bloque que almacena información de los archivos, de esta manera a cada inodo podemos asociarle un nombre. A simple vista pareciera que a un mismo archivo no podemos asociarle varios nombres, pero gracias a los enlaces esto es posible.

Enlaces Simbólicos

Un enlace simbólico (enlace blando, o acceso directo) es un archivo especial que contiene un nombre de camino. Así, los enlaces blandos pueden apuntar a ficheros en sistemas de ficheros diferentes (posiblemente montados por NFS desde máquinas diferentes, unidades extraíbles), y no tienen por qué apuntar a ficheros que existan realmente.

Un enlace simbólico permite dar a un fichero el nombre de otro, pero no enlaza el fichero con un inodo, es decir, en realidad lo que hacemos es enlazar directamente al nombre del fichero. Los enlaces simbólicos son ampliamente usados para las librerías compartidas. Para compréndelo mejor, un "enlace simbólico" no es más que una referencia (enlace) a una carpeta (directorio) o fichero que está situado en un lugar físico distinto.

Enlaces duros

Los enlaces duros lo que hacen es asociar dos o más ficheros compartiendo el mismo inodo. Esto hace que cada enlace duro sea una copia exacta del resto de ficheros asociados, tanto de datos como de permisos, propietario, etc. Esto implica también que cuando se realicen cambios en uno de los enlaces o en el fichero este también se realizará en el resto de enlaces.

En sistemas GNU/Linux, los enlaces duros, tienen varias limitaciones:
1. Sólo se pueden hacer enlaces duros a archivos, y no a directorios.
* No pueden expandirse a través de distintos sistemas de archivos. Esto significa que no puede crear un enlace permanente desde /usr/bin/bash hacia /bin/bash si sus directorios / y /usr pertenecen a distintos sistemas de archivos.

Conclusión:
* Los enlaces simbólicos se pueden hacer con ficheros y directorios, los enlaces duros solo con ficheros.
* Los enlaces simbólicos se pueden hacer entre distintos sistemas de archivos, los enlaces duros no.
* En los enlaces simbólicos si se borra el archivo o directorio original la información se pierde, en los enlaces duros no.
* Los enlaces duros son copias de los originales que comparten el número de inodo, mientras de los enlaces simbólicos son meros punteros.
* Existen diferentes formas de borrar enlaces; unlink ,rm7.

Órdenes:
    ln
    symlinks
    unlink

PASO 1: Crear acceso directos a ficheros y directorios.

Crear enlaces duros y enlaces simbólicos a ficheros.
    ln
a) Ayuda.
    ln --help
    man ln
    info ln
b) Asignación por defecto.
    cd /mnt/local
    ls -l
    ln eje011 eje012
c) Por defecto se crea un enlace duro, copia del fichero original.
    ls -l
    Editar el fichero eje011.
    nano eje011
d) Observa el resultado en eje011 y eje012.
    cat eje011
    cat eje012
e) Crear enlaces simbólicos (enlaces blandos).
    ln -s eje012 eje014
    ln -s eje014 eje015
    ln -s eje014 eje016
    ln -s eje012 eje017
    ls -l
    ln eje011 eje013
    rm eje011
    ls -l
    rm eje012
    cat eje014
f) Crear accesos simbólicos a un directorio.
    ln -s deportes futbol

ln	
Sintaxis:	ln [opciones] nombre_arch_existente(o directorio) nuevo_nombre_de_archivo(o directorio)
OPCIÓN	**DESCRIPCIÓN**
-f	Enlaza archivos sin preguntar al usuario, incluso si el modo de archivo prohíbe la escritura. Esto es por defecto si el input estándar no es un terminal.
-n	No sobrescribe archivos existentes.
-s	Se utiliza para crear enlaces suaves, blandos.

Los enlaces simbólicos, pasan de azul celeste a rojos.

```
ln  eje013  eje012
```

PASO 2: Buscar a partir de un directorio, enlaces simbólicos.
Comprueba los enlaces simbólicos del sistema de archivos.
symlinks

a) Ayuda.
```
symlinks  --help
man  symlinks
info  symlinks
```

b) Buscar enlaces simbólicos, relativos en un directorio.
```
symlinks  -v  /bin
symlinks  -v  /mnt/local/deportes
symlinks  -v  .
apt-get  install symlinks
```

c) Buscar enlaces duros y cambiar por enlaces simbólicos.
```
symlinks  -c  /bin
```

d) Buscar de forma recursiva -r.
```
symlinks  -r  /
symlinks  -r  .
symlinks  -r  -v  .
```

e) Informa de los vínculos a través de los sistemas de archivos.
```
symlinks  -o  /bin
absolute: /bin/iptables-xml -> /usr/sbin/xtables-multi
dangling: /bin/rpmquery -> ../../bin/rpm
dangling: /bin/rpmverify -> ../../bin/rpm
absolute: /bin/ld -> /etc/alternatives/ld
absolute: /bin/mailq -> /etc/alternatives/mta-mailq
absolute: /bin/rmail -> /etc/alternatives/mta-rmail
dangling: /bin/mailq.postfix -> ../../usr/sbin/sendmail.postfix
dangling: /bin/newaliases.postfix -> ../../usr/sbin/sendmail.postfix
absolute: /bin/newaliases -> /etc/alternatives/mta-newaliases
messy:    /bin/slogin -> ./ssh
```

f) Borrar enlaces colgantes.
```
symlinks  -d
```

g) Mostrar lo que se haría por –c.
```
symlinks  -t  /bin
absolute: /bin/iptables-xml -> /usr/sbin/xtables-multi
changed:  /bin/iptables-xml -> ../usr/sbin/xtables-multi
dangling: /bin/rpmquery -> ../../bin/rpm
dangling: /bin/rpmverify -> ../../bin/rpm
absolute: /bin/ld -> /etc/alternatives/ld
changed:  /bin/ld -> ../etc/alternatives/ld
absolute: /bin/mailq -> /etc/alternatives/mta-mailq
changed:  /bin/mailq -> ../etc/alternatives/mta-mailq
absolute: /bin/rmail -> /etc/alternatives/mta-rmail
changed:  /bin/rmail -> ../etc/alternatives/mta-rmail
dangling: /bin/mailq.postfix -> ../../usr/sbin/sendmail.postfix
dangling: /bin/newaliases.postfix -> ../../usr/sbin/sendmail.postfix
absolute: /bin/newaliases -> /etc/alternatives/mta-newaliases
changed:  /bin/newaliases -> ../etc/alternatives/mta-newaliases
messy:    /bin/slogin -> ./ssh
changed:  /bin/slogin -> ssh
```

Boxes on the right:

```
symlinks
  apt-gets  install  symlinks
  yum       install  symlinks
```

ln		
symlinks [-cdorstv] lista-directorio		
OPCIÓN	DESCRIPCIÓN	
-c	Cambian enlaces absolutos / desordenado a relativa.	
-d	Eliminar enlaces colgantes.	
-o	Informar sobre los vínculos a través de los sistemas de archivos.	
-r	Recursivo en subdirectorios.	
-s	Acortar enlaces largos (que se muestra en la salida sólo cuando -c no especificados).	
-t	Mostrar lo que se haría por –c.	
-v	Mostrar todos los enlaces simbólicos.	

PASO 3: Borrando enlaces duros.
```
unlink
```

a) Ayuda.
```
unlink  --help
```

b) Igual que con los enlaces simbólicos podemos usar dos comandos para borrar los enlaces duros:
```
unlink  /home/baldo/enlace-duro2
```

c) Usar rm para borrar enlaces.
```
rm /home/baldo/enlace-duro2
```

Analizar: root@alumno-svr:/home/alumno#
```
ls l > salida
ln salida salida1
ln salida1 salida2
ln -s salida2 salida3
ln -s salida3 salida4
ls -l
rw-r—r--       3 root  root  102 oct 12 00:27 salida
rw-r—r--       3 root  root  102 oct 12 00:27 salida1
rw-r—r--       3 root  root  102 oct 12 00:27 salida2
```

lrwxrwxrwx   1 root   root   7 oct 12 00:29 salida3 -> salida2
lrwxrwxrwx   1 root   root   7 oct 12 00:29 salida4 -> salida3

La segunda columna indica el número de inodos que forman el enlace duro, el número 3 indica que existen 3 enlaces duros o tres copias del mismo inodo y el mismo contenido, la quinta columna indica el tamaño, se puede observar el tamaño de los tres primeros ficheros es el mismo, la fecha y hora es la misma, el nombre es distinto, se actualizan los tres si se modifica uno de ellos.

Los dos últimos indican en la primera columna el primer carácter l--> enlace blando, no existe replicación inodos, sino una referencia al mismo iniodo, salida 2 indica que enlace blando es salida3. Se encuentra referenciadas de dos ficheros al mismo inodo, si se borra el fichero original desaparece el enlace al inodo.

PASO 4: Listar atributos de un directorio.

El comando lsattr se usa para listar los atributos de directorios o archivos especificados.
        lsattr
a)   Ayuda.
        lsattr --help
b)   Listar los atributos por defecto.
        lsattr
c)   Listar los atributos de los directorios en profundidad de forma recursiva.
        lsattr -R
d)   Listar todos los atributos incluso los ocultos (. ..)
        lsattr -a
e)   Listar directorios como si fueran archivos, en lugar de listar su contenido.
        lsattr -d
f)   Establecer el atributo i para el archivo test.txt
        chattr +i test.txt
g)   Visualizar los atributos establecidos.

```
root@192:~# lsattr texto.txt
------------e-texto.txt
root@192:~# chattr +i texto.txt
root@192:~# lsattr texto.txt
----i--------e-texto.txtç
root@192:~# lsattr -R
-------------e-- ./slapt-get

./slapt-get:
-------------e-- ./slapt-get/slapt-get-
0.10.2r-x86_64-1.tgz
-------------e-- ./fich005
-------------e-- ./fich001
----i--------e-- ./texto.txt
-------------e-- ./fich002
-------------e-- ./fich003
-------------e-- ./fich004
root@192:~# lsattr -a
-------------e-- ./..
-------------e-- ./slapt-get
-------------e-- ./.xinitrc-backup
-------------e-- ./.xsession-backup
-------------e-- ./.
-------------e-- ./.gnupg
-------------e-- ./.xinitrc
-------------e-- ./fich005
-------------e-- ./.bash_history
-------------e-- ./.xsession
-------------e-- ./fich001
----i--------e-- ./texto.txt
-------------e-- ./fich002
-------------e-- ./fich003
-------------e-- ./fich004
root@192:~# lsattr -d
-------------e-- .
```

PASO 5: Cambiar atributos de un directorio.

Cambiar los atributos de los sistemas de archivos ext2, ext3 y ext4.
        chattr
a)   Ayuda
        chattr --help
        chattr
b)   Cambiar el atributo del archivo de sólo lectura.
        chattr +i fich001
        lsattr
c)   Elimina el atributo de sólo lectura.
        chattr -i fich001
        chattr

---

lsattr

Sintaxis: lsattr [opciones]

OPCIÓN	DESCRIPCIÓN
-R	Lista reiterativamente los atributos de los directorios y su contenido.
-a	Lista todos los archivos en directorios, incluyendo archivos que empiecen por `.`.
-d	Lista directorios como otros archivos, en vez de listar su contenido.

chattr

Sintaxis: chattr [-RVf] [-+=AaCcDdeijSsTtu] [-v versión] ficheros...

OPERADORES	DESCRIPCIÓN
+	Hace que se añadan los atributos especificados a los atributos existentes de un archivo.
-	Hace que se eliminen los atributos especificados de los atributos existentes de un archivo.
=	Hace que se reemplacen los atributos existentes por los atributos especificados.

ATRIBUTO	DESCRIPCIÓN
i	Hace el archivo de sólo lectura.
A	Establece que la fecha del último acceso (*atime*) no se modifica
a	Abre el archivo para escritura, no escritura.
c	Establece que el archivo es comprimido automáticamente en el disco por el núcleo del sistema operativo. Al realizar lectura de este archivo, se descomprimen los datos. La escritura de dicho archivo comprime los datos antes de almacenarlos en el disco.
D	Cuando se trata de un directorio, establece que los datos se escriben de forma sincrónica en el disco. Es decir, los datos se escriben inmediatamente en lugar de esperar la operación correspondiente del sistema operativo. Es equivalente a la opción **dirsync** de mount, pero aplicada a un subconjunto de archivos.
d	Establece que el archivo no sea candidato para respaldo al utilizar la herramienta **dump**.
e	Indica que el archivo o directorio utiliza extensiones (*extents*) para la cartografía de bloques en la unidad de almacenamiento, particularmente en sistemas de archivos Ext4. Es importante saber que **chattr** es incapaz de eliminar este atributo.
i	Establece que el archivo será inmutable. Es decir, se impide que el archivo sea eliminado, renombrado, que se pueden apuntar enlaces simbólicos hacia éste o escribir datos en el archivo.
j	En los sistemas de archivos ext3 y ext4, cuando se montan con las opciones **data=ordered** o **data=writeback**, se establece que el archivo será escrito en el registro por diario (**Journal**). Si el sistema de archivos se monta con la opción **data=journal** (opción predeterminada), todo el sistema de archivos se escribe en el registro por diario y por lo tanto el atributo no tiene efecto.
s	Cuando un archivo tiene este atributo, los bloques utilizados en el disco duro son escritos con ceros, de modo que los datos no se alguno. Es la forma más segura de eliminar datos.
S	Los cambios en el archivo se escriben a la vez en el disco. Es equivalente a la opción **sync** de mount.
u	Cuando un archivo con este atributo es eliminado, sus contenidos son guardados permitiendo recuperar el archivo con herramientas para tal fin.

OPCIÓN	DESCRIPCIÓN
-R	Cambia de manera descendente los atributos de directorios y sus contenidos. Los enlaces simbólicos que se encuentren, son ignorado.
-V	Salida de **chattr** más descriptiva, mostrando además la versión del programa.
-v	Ver el número de versión del programa.

NOTA: chattr incluido en el paquete e2fsprogs, que se instala de forma predeterminada en todas las distribuciones de GNU/Linux. Incluye otras herramientas como e2fsck, e2label, fsck.ext2, fsck.ext3, fsck.ext4, mkfs.ext2, mkfs.ext3, mkfs.ext4, tune2fs y dumpe2fs,...

d) No se puede abrir el archivo para escribir.

      chattr +a fich001

e) Abre el archivo para escritura.

      chattr -a fich001

f) Los cambios en el archivo se escriben a la vez en el disco.

      chattr +S fich001

g) No active para copias dump.

      chattr +d fich001

h) Fichero escrito con Journal.

      chattr +j fich001

i) Escribir los bloques utilizados en el disco con ceros.

      chattr +s fich001

j) Guardar permanentemente.

      chattr +u fich001

k) Establecer varios atributos.

      Chattr +a +i +S fich001

l) Si el sistema de archivos Ext3, se establece que el archivo **fich001** sólo tendrá los atributos **a**, **A**, **s** y **S**.

      chattr =aAsS fich001

PRÁCTICA 16: Acceder a la definición de Entorno en Linux

DESCRIPCIÓN:

Linux proporciona utilidades ncal y cal que se pueden utilizar para mostrar el calendario en línea de comandos. Una vez que te acostumbras a ellos, se dará cuenta de que las cosas son más rápidas con estas utilidades en comparación con mirar manualmente para los calendarios de GUI. Ambas utilidades, al combinarse, ofrecen un amplio conjunto de opciones a través del cual se puede mostrar el calendario de casi cualquier manera.

PASO 1: Calendario.

Existen dos formas de visualizar el calendario en columnas y en filas con las órdenes:

```
cal
ncal
```

a) Ayuda.

```
cal --help
ncal --help
```

b) Visualizar el calendario de un año.

```
cal 2014
cal
August 2015
Su Mo Tu We Th Fr Sa
               1
 2  3  4  5  6  7  8
 9 10 11 12 13 14 15
16 17 18 19 20 21 22
23 24 25 26 27 28 29
30 31
```

c) Visualizar el calendario por un mes.

```
cal mes año
cal 6 2010
```

d) Visualizar por defecto.

```
ncal
Agosto 2015
lu       3 10 17 24 31
ma       4 11 18 25
mi       5 12 19 26
ju       6 13 20 27
vi       7 14 21 28
sá   1   8 15 22 29
do   2   9 16 23 30
```

e) Calendario con visualización horizontal.

```
ncal 2014
```

f) Ver la fecha de celebración de Pascua.

```
ncal -e
```

5 abril 2015

```
ncal -e 2016
```

27 marzo 2016

g) Visualizar en formato hoz. Un mes.

```
ncal 6 2013
```

g) Ejemplos varios:

```
cal -m1
cal -m1 1968
cal -3 -m1
ncal -w
ncal -M
ncal -p
```

cal

Sintaxis:	cal [opcional] [-hjy] [[month] year]
	cal [opcional] [-hj] [-m month] [year]
	ncal [opcional] [-bhJjpwySM] [-s country_code] [[month] year]
	ncal [opcional] [-bhJeoSM] [year] Opcional : [-NC3] [-A months] [-B months]
-1	**Muestra un sólo mes como salida.**
-3	Muestra el mes previo/actual/siguiente como salida.
-s	Muestra el domingo como primer día de la semana.
-m	Muestra el lunes como primer día de la semana.
-j	Muestra fechas julianas (días ordenados, numerados desde el 1 de Enero).
-y	Muestra un calendario para el año actual.

ncal

-h	**Desactiva el resaltado de hoy.**
-J	Mostrar Calendario Juliano, si se combina con la opción-e, fecha de presentación de Pascua de acuerdo con el calendario juliano.
-e fecha	Ver la fecha de celebración de la Pascua (para las iglesias occidentales).
-j	Visualizar días julianos (día uno-basan, numeradas del 1 de enero).
-m mes	Muestra el mes especificado. Si se especifica el mes como un número decimal, puede ser seguido de la letra 'f' o 'p' para indicar lo siguiente o el mes de ese número, respectivamente.
-o	Mostrar fecha de la Pascua Ortodoxa (griega y las Iglesias ortodoxas rusas).
-p	Imprime los códigos de país y los días de conmutación de Julian el calendario gregoriano, ya que se supone por NCAL. El código de país que viene determinada por el entorno local es marcado con un asterisco.
-s cod_pais	Asumir el cambio de Julian el calendario gregoriano, en la fecha asociada con la country_code. Si no se especifica, tries NCAL de adivinar la fecha de cambio de local medio ambiente o cae de nuevo a 2 de septiembre de 1752 Esto fue cuando Gran Bretaña y sus colonias cambiaron al calendario gregoriano.
-w	Muestra el número de la semana por debajo de cada columna de la semana.
-Y	Mostrar un calendario para el año especificado.

```
calendar [-ab] [-A num] [-B num] [-l num] [-w num][-f
calendarfile] [-t [[[cc]yy][mm]]dd]
```

-A	**Número de días futuros.**
-B	Número de días previos.
-f	Fichero de calendario.
-t	Valor año 69 y 99
-w	Número de líneas a visualizar (por defecto 2).
-l	Visualizar las líneas de un número de días futuros.
-a	Procesa el calendario y los envía al mail de todos los usuarios. Usar en modo superusuario.
-b	Forzar a una fecha del calendario en modo KOI8.

Fichero dependiente /usr/bin/cpp

PASO 2: Extraer información sobre eventos ocurridos en una fecha concreta (Efemérides).

```
calendar
```

a) Ayuda.

```
calendar --help
```

b) Por defecto, se asume la fecha actual.

```
calendar
ago 17  Mae West born, 1892
ago 17  First public bath opened in N.Y., 1891
ago 17  Anniversary of the Death of General San Martin in Argentina
ago 17  Independence Day in Indonesia
ago 17  Odin's Ordeal
ago 17  Paso a la inmortalidad de José Francisco de San Martín, 1850
ago 17  Olivier Houchard <cognet@FreeBSD.org> born in Nancy, France, 1980
ago 17  Aujourd'hui, c'est la St(e) Hyacinthe.
ago 17  Jácint
ago 18  Meriwether Lewis born, 1774
ago 18  Anti-Cigarette League of America formed
ago 18  N'oubliez pas les Hélène !
ago 18  Temps trop beau en août
Annonce hiver en courroux.
```

```
        ago 18   Ilona
        ago 18   National Science Day (วันวิทยาศาสตร์แห่งชาติ) in Thailand
```
c)   Efemérides de una fecha concreta.
        calendar -t   2009-05-02

PASO 3: Fecha y hora.
        date
a)   Ayuda.
        date --help
        man date
b)   Cambiar fecha.
        date   -s 2005-05-01
        date
c)   Cambiar la hora.
        date -s 11:10
        date
d)   Cambiar la fecha y la hora.
        date -s "2012-05-28 10:41"
        date
e)   Utilizar un fichero para cambiar la hora.
        cat > fecha
        2012-05-28 11:30 ^D
f)   Lee la información desde un fichero -f.
        date -f fecha

date	
Sintaxis:	**date [opciones][+formato][fecha]**
-a	**Ajusta lentamente la hora en sss.fff segundos (fff representa fracciones de segundo). Este ajuste puede ser positivo o negativo. Sólo el administrador de sistema o superusuario puede ajustar la hora.**
-sdate-string	Establece la fecha y hora al valor especificado en el datestring. El datestr puede contener los nombres de los meses, zona horaria, "am", "pm", etc.
-u	Muestra (o establece) la fecha en Greenwich Mean Time (GMT-hora universal).
Formato:	
%a	**Día de la semana abreviado (Tue).**
%A	Día de la semana completo (Martes).
%b	Nombre del mes abreviado (Jan).
%B	Nombre del mes completo (Enero).
%c	Formato de hora y fecha específico del país.
%D	Fecha en formato %m/%d/%y.
%j	Día del año juliano (001-366).
%n	Inserta una nueva línea.
%p	Cadena para indicar a.m. o p.m.
%T	Hora en formato %H:%M:%S.
%t	Espacio de tabulación.
%V	Número de la semana en el año (01-52); comienzo de la semana en Lunes.

PASO 4: Visualizar el tiempo que lleva un usuario en una conexión.
   Muestra la hora, tiempo de funcionamiento, número de usuarios conectados y la carga media.
        uptime
a)   Ayuda.
        uptime --help
b)   Visualizar por defecto
        uptime

PASO 5: Mostrar el reloj de equipo HW, y su configuración.
        hwclock
a)   Ayuda
        hwclock --help
b)   Muestra el reloj Hardware o reloj de la BIOS.
        hwclock   --show
        hwclock   -r
c)   Asignar al reloj de Hardware la hora del sistema operativo.
        hwclock -systohc
        hwclock -w
d)   Asignar al reloj del sistema la hora del reloj de la BIOS.
        hwclock --hctosys
        hwclock -s
e)   Depuración.
        hwclock --hctosys --debug
        hwclock --systohc --debug

hwclock [función] [opcion]	
FUNCIÓN	**DESCRIPCIÓN**
-r --show	Lee el Reloj del Hardware y muestra la hora en la salida estándar.
--set	Pone el Reloj del Hardware a la hora dada por la opción --date
-s --hctosys	Pone el Tiempo del Sistema a partir del Reloj del Hardware.
-w --systohc	Pone el Reloj del Hardware a la hora del sistema actual.
--adjust	Añade o sustrae tiempo del Reloj del Hardware para tener en cuenta el desvío sistemático desde la última vez que el reloj se puso o se ajusta.
--getepoch	Muestra en la salida estándar el valor de la época del Reloj del Hardware del núcleo.
--setepoch	Pone el valor de la época del Reloj del Hardware del núcleo al valor especificado por la opción --epoch
--date=nuevafecha	Especifica la hora a la cual poner el Reloj del Hardware. hwclock --set --date=9/22/96 16:45:05
--epoch=año	Especifica el año que es el principio de la época del Reloj del Hardware. hwclock --setepoch --epoch=1952
OPCIÓN	**DESCRIPCIÓN**
-u --utc	Indica que el Reloj del Hardware se mantiene en el Tiempo Universal Coordinado (UTC).

PASO 6: Ejecuta una orden cada cierto tiempo.
        watch
a)   Ayuda.
        watch—help
b)   Ejecuta una orden cada x segundos (por defecto cada 2 segundos).
        watch -n 5 hwclock -r

PASO 7: Borrar la pantalla.
        clear
a)   Ayuda.
        clear --help
        man clear

PASO 8: Variables de ambiente o entorno.
   Permite visualizar todas las variables de sistema **set** y de entorno de usuario activo **env.**
        set
        env

a)   Ayuda.
        set --help --> error: implica visualizar la línea de ayuda
        man set
b)   Visualizar las variables de entorno.
        set
        set > salida
        less salida
c)   Variables solo de entorno de usuario.
c.1.) Ayuda.
        env --help
        help   env
c.2.) Visualización por defecto.
        env
        env > salida2
d)   Definir una variable de entorno, se establece el nombre de la variable igual a un valor (variable = Valor).
        HOLA=buenos días
d.1) Visualizar todas las variables.
        set
d.2) Visualizar las variables que comienzan por H.
        set H
d.3) Visualizar el contenido de la variable concreta.
        echo $HOLA
        **
e)   Borrar una variable de entorno.
        unset HOLA
     Las variables siempre definen parámetros o rutas. Si definen rutas las rutas se separan por (:).

Las variables de ambiente que utiliza, UNIX, Linux, todas se encuentran definidas con nombres en mayúsculas. (En la orden en minúsculas).
- Se definen, asignaciones en lenguaje script Shell (guion), de directivas o funciones.
- Las directivas definidas en el entorno se pueden invocar o llamar en cualquier momento.

VARIABLE	DESCRIPCIÓN
PATH	Ruta por defecto de búsqueda alternativa.
HOME	Directorio de trabajo del usuario, (casa)
PWD	Ruta activa.
USER	Nombre de usuario.
SHELL	Ruta del intérprete de órdenes, caparazón.
PS1	Parámetros del prompt root
PS2	Parámetros del prompt usuarios.

UID: identificación de usuario, el usuario se identifica por un número.
EUID: identificación especial de usuario. Referencia a los derechos.
Derechos reales. --> chmod, umask
Derechos heredados.
Derechos (especiales, implícitos) Efectivos umask

        set
        env
        echo $PS2 $PS1

VARIABLE	DESCRIPCIÓN
MAIL	Ruta el fichero o ficheros de correo. Directorio del correo.
LOGNAME	Nombre de la conexión o usuario de conexión.
HOSTNAME	Nombre del equipo.
HISTFILE	Ruta y fichero de almacenamiento del histórico, el conjunto de ordenes escritas en una sesión o sesiones.
HISTFILESIZE	Número máximo de ficheros abiertos de históricos.
HISTSIZE	EL Tamaño máximo por fichero o conjunto de órdenes o entradas que se puede almacenar en el fichero histórico.
BASH	/bin/bash la ruta y nombre del intérprete de órdenes.
PPID	Identificación del proceso padre.

PASO 9: Acrónimos o ALIAS.
El comando alias te permite crear un atajo a un comando. Como el nombre indica, puedes establecer el nombre del alias/atajo para los comandos/rutas que sean muy largos para recordarlos.
        alias
a)   Ayuda.
        alias --help
        man alias
b)   Visualizar por defecto los alias establecidos en el sistema.
        alias
c)   Definir un alias. El comando va entre comillas simples (tecla ?/').
        alias   nombre= 'valor'
        alias fichero='ls -la'
        alias fich='ls –la |less'
        alias busca='fichero|find -name salida'
d)   Realizar la ejecución de buscar y se agrega un el valor a buscar y lo admite con un parámetro reemplazable.
        alias buscar='find / -name '
        alias ll='ls -l'
        alias la='ls -A'
        alias l='ls -CF'
e)   Ejecutar alias predefinidos por el sistema.

alias
Sintaxis: alias [opciones] [NombreAlias [=String]]
-a   Eliminar todas las definiciones de alias del entorno de ejecución Shell actual.
-p   Mostrar la lista de alias de la forma nombre alias=valor en el salida estándar.

ll
la
l
Otros alias:
fich
busca
fichero

¿Dónde ponemos esto?
Pues si queremos que solo sea temporal, simplemente lo escribimos en la consola y durará hasta que la cerremos.
Ahora, si lo queremos de forma permanente, esto lo ponemos dentro del fichero **~/.bashrc** el cual está en nuestro **/home,** y si no está, pues lo creamos (siempre con el punto delante). Cuando ya tengamos añadida la línea del alias en este fichero, simplemente ponemos en consola y ejecutar:
. .bashrc

PASO 10: Borrar acrónimos o ALIAS.

Retire cada nombre de la lista de definidos los alias.

unalias

a) Ayuda.

unalias --help

man   unalias

b) Borrar por defecto.

unalias fichero

unalias busca

unalias
Sintaxis: unalias [-a] nombre [nombre ...]
-a   Especifica el nombre del alias que desea eliminar

Los alias prevalecen durante el tiempo que la sesión esta activa.

Para usar siempre hay que definir los alias en el fichero personal de secuencia de arranque.

UNIDAD DE TRABAJO IV: Operaciones generales sobre sistemas operativos Linux.

PRÁCTICA 17: Arranque y parada de Linux.

PRÁCTICA 18: Niveles de Arranque, runlevel en Linux.

PRÁCTICA 19: Configurar la red en Linux.

PRÁCTICA 20: Agregar aplicaciones o repositorios en Linux.

PRÁCTICA 21: Configurar los datos básicos de un servidor UBUNTU.

PRÁCTICA 22: Información de dispositivos en Linux.

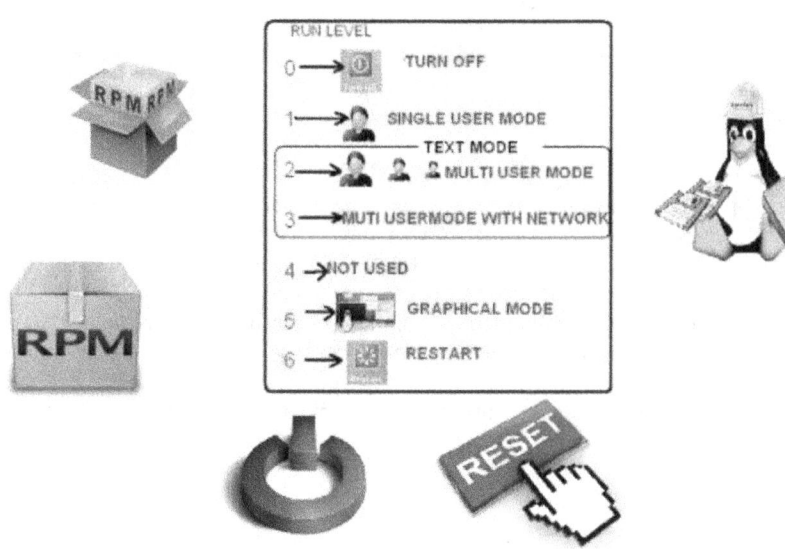

Contenidos
- Configuración inicio y cierre de sesión.
- Gestión de discos en Linux.
- Actualización del sistema operativo.
- Gestionar hardware del sistema operativo.
- Monitorización y rendimiento del sistema.
- Agregar/Eliminar/Actualizar software en el sistema operativo.
- Programación de tareas en Linux.

Órdenes

chkconfig, uname, login, exit, logout, logname, last, lastb, lastlog, init, halt, poweroff, shutdown, sync, startx, /etc/resolv.conf /etc/networks/interfaces /etc/hostname /etc/apt/sources.list ifconfig, reboot, apt-get, yum, ping, hostname, w, tty, stty, who, whois, whoami, hostid.

PRÁCTICA 17: Arranque y parada de Linux.
DESCRIPCIÓN:

Obtener información de la máquina y sistema Linux, a nivel de la secuencia de arranque.

El proceso de arranque en GNU/Linux es la forma en la cual los sistemas operativos basados en el núcleo Linux se inicializan. Es similar a la forma en que arranca BSD y otros sistemas Unix.

Todo el proceso de arranque se lleva a cabo en 4 etapas reconocidas por el código que en ese momento tiene control sobre la CPU; al inicio solo el BIOS tiene control, después será el cargador de arranque quien tenga en control, más adelante el control pasa al propio kernel Linux, y en la última etapa será cuando tengamos en memoria los programas de usuario conviviendo junto con el propio sistema operativo y serán ellos quienes tengan el control del CPU.

La etapa del cargador de arranque no es totalmente necesaria, determinadas BIOS pueden cargar y pasar el control a GNU/Linux sin hacer uso del cargador de arranque, usar un cargador de arranque facilita al usuario la forma en que el kernel será cargado.

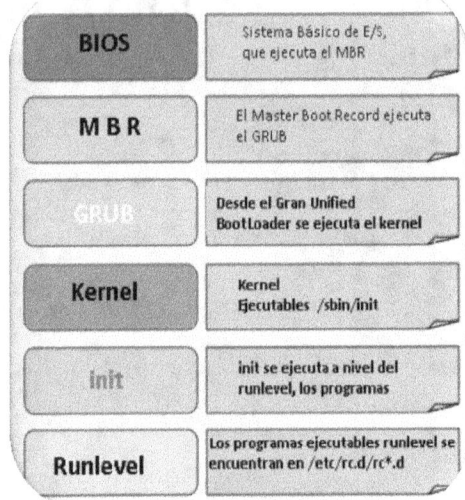

1. BIOS.

Al encender la computadora las primeras operaciones las realiza el BIOS. En esta etapa se realizan operaciones básicas de hardware. El proceso de arranque será diferente dependiendo de la arquitectura del procesador y el BIOS.

Una vez reconocido y listo el hardware, el BIOS carga en memoria el código ejecutable del cargador de arranque y le pasa el control. Hay variedad de BIOS que permiten al usuario definir en qué dispositivo/partición se encuentra dicho cargador de arranque.

2. Cargador de arranque.

Un cargador de arranque (boot loader en inglés) es un programa diseñado exclusivamente para cargar un sistema operativo en memoria. La etapa del cargador de arranque es diferente de una plataforma a otra.

Como en la mayoría de arquitecturas, este programa se encuentra en el MBR, el cual es de 512 bytes, no es suficiente para cargar en su totalidad un sistema operativo. Por eso, el cargador de arranque consta de varias etapas.

Para las plataformas x86, el BIOS carga la primera etapa del cargador de arranque (típicamente una parte de LILO o GRUB). El código de esta primera etapa se encuentra en el sector de arranque (o MBR). La primera etapa del cargador de arranque carga el resto del cargador de arranque.

Los cargadores de arranque modernos típicamente preguntan al usuario cual sistema operativo (o tipo de sesión) desea inicializar.

2.1. GRUB

GRUB se carga y se ejecuta en 4 etapas:
1. La primera etapa del cargador la lee el BIOS desde el MBR.
2. La primera etapa carga el resto del cargador (segunda etapa). Si la segunda etapa está en un dispositivo grande, se carga una etapa intermedia (llamada etapa 1.5), la cual contiene código extra que permite leer cilindros mayores que 1024 o dispositivos tipo LBA.
3. La segunda etapa ejecuta el cargador y muestra el menú de inicio de GRUB. Aquí se permite elegir un sistema operativo junto con parámetros del sistema.
4. Cuando se elige un sistema operativo, se carga en memoria y se pasa el control.

GRUB soporta métodos de arranque directo, arranque chain-loading, LBA, ext2 y hasta "un pre-sistema operativo totalmente basado en comandos". Tiene tres interfaces: un menú de selección, un editor de configuración y una consola de línea de comandos.

Dado que GRUB entiende los sistemas de archivos ext2 y ext3 y además provee una interfaz de línea de comandos, es más fácil rectificar o modificar cuando se mal configura o se corrompe. La nueva versión 2 de GRUB, soporta sistema de archivos ext4.

2.2. LILO

LILO es más antiguo, es casi idéntico a GRUB en su proceso, excepto que no contiene una interfaz de línea de comandos. Por lo tanto todos los cambios en su configuración deben ser escritos en el MBR, y reiniciar el sistema. Un error en la configuración puede arruinar el proceso de arranque a tal grado de que sea necesario usar otro dispositivo que contenga un programa que sea capaz de arreglar ese defecto.

De forma adicional, LILO no entiende sistema de archivos, por lo tanto no hay archivos y todo se almacena en el MBR directamente. Cuando el usuario selecciona una opción del menú de carga de LILO, dependiendo de la respuesta, carga los 512 bytes del MBR para sistemas como Microsoft Windows, o la imagen del kernel Linux.

Loadlin

Otra forma de cargar GNU/Linux es desde DOS o Windows 9x, dado que ambos sistemas permiten ser reemplazados, se puede reemplazar por el kernel Linux sobre el sistema operativo ya cargado. Esto puede ser útil en el caso en que el hardware está solo disponible para DOS y no para GNU/Linux, dado a cuestiones de secretos industriales y código propietario. Sin embargo, esta tediosa forma de arranque ya no es necesaria en la actualidad ya que GNU/Linux tiene drivers para multitud de dispositivos hardware, aun así, esto fue muy útil en el pasado.

Otro caso es cuando GNU/Linux se encuentra en un dispositivo que el BIOS no lo tiene disponible para el arranque. Entonces, DOS o Windows pueden cargar el driver apropiado para dicho dispositivo superando dicha limitación del BIOS, y a partir de entonces cargar el núcleo Linux. Si se dispone del fichero .img que arranque el siguiente sistema operativo.

Kernel

El kernel Linux se encarga de lo principal del sistema operativo, como el manejo de memoria, planificador de tareas, entradas y salidas, comunicación interprocesos, y demás sistemas de control.

El proceso del kernel se lleva en dos etapas; la etapa de carga y la etapa de ejecución.

El kernel generalmente se almacena en un archivo comprimido con zlib. Este archivo comprimido se carga y se descomprime en memoria, también se cargan los drivers necesarios por medio de un disco RAM (initrd). El disco RAM es un sistema de archivos temporal usado en la fase de ejecución del kernel.

Una vez que el kernel se ha cargado en memoria y está listo, se lleva a cabo su ejecución. Esto se realiza llamando la función startup del kernel (en los procesadores x86, se encuentra en la función startup_32() del archivo /arch/i386/boot/head), esta función establece el manejo de memoria (tablas de paginación y paginación de memoria), detecta el tipo del CPU y funcionalidad adicional como capacidades de punto flotante. Después cambia a funcionalidades que no dependen del hardware por medio de la llamada a la función start_kernel().

El proceso de arranque en GNU/Linux monta el disco RAM que fue cargado anteriormente como un sistema de archivos temporal. Esto permite que los módulos que contienen drivers puedan ser cargados sin depender de otros drivers de dispositivos físicos, y además mantiene el kernel más pequeño.

Se inicializan dispositivos virtuales con la intención de ser usados para crear sistemas de archivos, como LVM o software RAID antes de desmontar la imagen initrd. El sistema de archivos es cambiado por medio de la función pivot_root() la cual desmonta el sistema de archivos temporal y lo reemplaza con el real, el cual más tarde estará totalmente disponible liberando la memoria que ocupaba el temporal.

Una vez listo el manejador de excepciones, el planificador de tareas y demás, por fin el sistema se considera totalmente operacional a nivel de procesos, por lo tanto se ejecuta el proceso init (el primer proceso en espacio de usuario), y luego inicia una tarea de inactividad por medio de cpu_idle().

Proceso init

El proceso init establece el entorno de usuario. Verifica y monta los sistemas de archivos, inicia servicios de usuario necesarios y cambia a un entorno basado en usuario cuando el proceso de inicio termina.

Es similar a los procesos init de Unix y BSD del cual deriva, pero en algunos casos tiene diferencias y personalizaciones. En un sistema GNU/Linux estándar, init se ejecuta con un parámetro, conocido como runlevel, que toma un valor de 0 a 6, y que determina cuales subsistemas serán operacionales.

Cada runlevel tiene sus propios scripts los cuales involucran un conjunto de programas. Estos scripts se guardan en directorios con nombres como "/etc/rc...". El archivo de configuración de init es /etc/inittab.

Cuando el sistema se arranca, se verifica si existe un runlevel predeterminado en el archivo /etc/inittab, si no, se debe introducir por medio de la consola del sistema. Después se procede a ejecutar todos los scripts relativos al runlevel especificado.

PASO 1: Información del S.O.
>   uname
a) Ayuda.
>   uname --help
b) Por defecto.
>   uname
>   ¿Qué manejas?
c) Visualizar toda la información del S.O.
>   uname -a
d) Versión del sistema operativo y sistema del kernel.
>   uname -s
e) Última revisión de la versión.
>   uname -r
f) Kernel y la revisión.
>   uname -r -s
g) Versión del sistema operativo.
>   uname -v
h) El nodo dentro de una red o sino el nombre de la máquina.
>   uname -n
i) Tipo de microprocesador hay en esta máquina.
>   uname -m
j) Tipo de procesador dentro de la familia.
>   uname -p

uname	
Sintaxis:	uname [opción] ...
OPCIÓN	DESCRIPCIÓN
-a	Visualizar toda la información, en orden:
-s	Visualizar el nombre del núcleo, igual que sin la opción por defecto.
-n	Visualizar el nombre de host del nodo de red.
r	Visualizar la versión del núcleo.
v	Visualizar la versión del núcleo.
-m	Visualizar el nombre de hardware de la máquina.
p	Visualizar el tipo de procesador.
i	Visualizar la plataforma de hardware.
-o	Visualizar el sistema operativo.

PASO 2: Establecer la conexión de un usuario.
La conexión puede realizarse:
>   login
>   su

a) En una consola de texto.
   login
a.1) Ayuda.
   login --help
a.2) Conexión por defecto.
   login
a.3) Conexión conservando el entorno.
   login -p
a.4) Conexión con el nombre de un equipo remoto (nombre equipo: puesto-01).
   login -h puesto-01   -f alumno
a.5) Conectar un usuario preservando el entorno.
   login -p -f alumno
b) Conectar con una aplicación ej. Putty, utilizando el servicio SSH.

login	
Sintaxis:	login [opciones] usuario
OPCIÓN	**DESCRIPCIÓN**
-p	Conservar el entorno.
-h host	Conexión equipo remoto login.
-r host	Conexión equipo remoto rlogin.
-f user	El usuario esta preautoconfigurado.

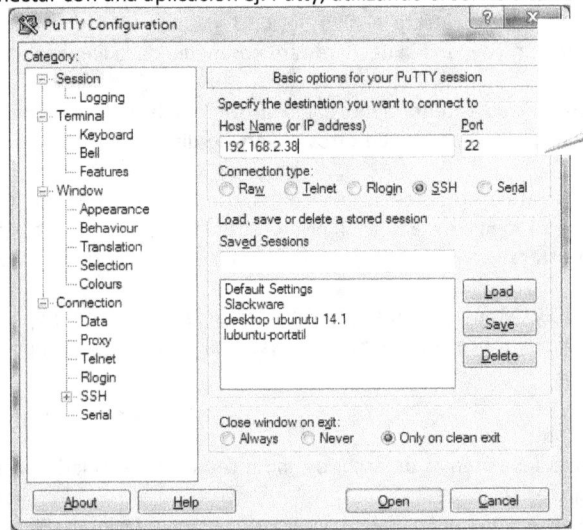

Para poder manejar una aplicación, que utilice el protocolo SSH, previamente hay que configurar el servicio SSH, su configuración se encuentra en la práctica.

Dirección de descarga del **PUTTY**
http://www.putty.org/

c) Conectar con la aplicación.

Inicialmente es a nivel de una cuenta de usuario ej.: alumno, no debe ser a nivel de root. Esto lo tiene bien definido Ubuntu, no permite realizar la conexión a nivel de root, sino de usuario, una vez realizada la conexión puedes cambiar de usuario a root u otro.

PASO 3: Cerrar una conexión.
   exit
a) Ayuda.
   exit --help
   Salir, ha salido sin mostrar la ayuda,...
b) Ayuda con man.
   man exit

PASO 4: Salir con logout abierta.
   logout
a) Pertenece a la **capa 6: SESION.**
   logout Cerrar la conexión
   login   establecer una nueva conexión
b) Cerrar conexión.
   logout

El primer usuario que realiza la conexión a un Linux por ssh, a partir de kernel 2.6 no puede ser el root. La conexión inicial es con usuario normal y una vez dentro se puede cambiar el usuario de conexión, a root.

c) Abrir una conexión nueva.
   login   -->nombre y passwd
d) Solicitar solo la passwd de un usuario de conexión.
   login alumno3
e) Se abre una nueva sesión.
   exit
   login alumno3
   logname
   logout --> no permite en este caso cerrar la conexión
   exit
   logout --> última conexión la que cierra.
f) ¿Se puede considerar que su es abrir una nueva conexión?
   su   alumno10

PASO 5: Mostrar los últimos usuarios conectados al sistema.
   last

a)   Ayuda.
          last --help
b)   Por defecto.
          last
          last > usuarios5
c)   Visualiza el número de líneas a mostrar 5.
          last -n
d)   No visualizar el campo del hostname.
          last -R
e)   Muestra las entradas realizadas durante el apagado del sistema y los cambios de ejecución de nivel.
          last -x
f)   Visualiza el hostname en la última columna.
          last -a

last	
Sintaxis:	last [opciones]
OPCIÓN	DESCRIPCIÓN
-n	Especifica cuántas líneas mostrar.
-R	No muestra el campo del hostname.
-x	Muestra las entradas de apagado del sistema y los cambios en los niveles de ejecución.
-a	Muestra el hostname en la última columna. Útil en combinación con la siguiente bandera.

PASO 6: Mostar los últimos usuarios que han intentado conectarse.
          lastb
a)   Ayuda.
          lastb --help
b)   Por defecto.
          lastb
          lastb -d
          lastb -f
          lastb -oar

PASO 6: Fecha y hora del último login realizado por el usuario activo.
El comando lastlog se usa para mostrar la última hora de conexión de las cuentas del sistema. La información de acceso se lee del archivo /var/log/lastlog.
          lastlog
a)   Ayuda.
          lastlog --help

Nota: Fichero de base de datos de tiempos de conexión /var/log/lastlog

b)   Por defecto.
          lastlog
c)   Visualizar el registro lastlog con los valores de los últimos 5 días.
          lastlog -b 5
d)   Información más reciente.
          lastlog -t 10
e)   Login de un usuario concreto.
          lastlog -u root
          lastlog -u alumno10
          lastlog -u alumno3

lastlog	
Sintaxis:	lastlog [opciones]
OPCIÓN	DESCRIPCIÓN
-t n	Muestra sólo los accesos desde hace menos de "n" días...
-u nombre_usuario	Muestra sólo la información de acceso para el nombre de usuario.

PRÁCTICA 18: Niveles de Arranque, runlevel en Linux
DESCRIPCION:

Runlevel

El **runlevel** (del inglés, **nivel de ejecución**) es cada uno de los estados de ejecución en que se puede encontrar el sistema Linux. Existen 7 niveles de ejecución en total: (Máximo 9, de los cuales se encuentran definidos 7).

- **Nivel de ejecución 0:** Apagado.
- **Nivel de ejecución 1:** Monousuario (sólo usuario root; no es necesaria la contraseña). Se suele usar para analizar y reparar problemas. (boot: init 1).
- **Nivel de ejecución 2:** Multiusuario sin soporte de red.
- **Nivel de ejecución 3:** Multiusuario con soporte de red.
- **Nivel de ejecución 4:** Como el runlevel 3, pero no se suele usar.
- **Nivel de ejecución 5:** Multiusuario en modo gráfico (X Windows).
- **Nivel de ejecución 6:** Reinicio.

> **Ubuntu es distinto.** El archivo **/etc/inittab** fue sustituido a partir de la versión 6.10 por **/etc/upstart**
> El cual ahora también ha cambiado. Y los niveles de ejecución son los siguientes:
> **0 - shutdown**
> **1 - modo monousuario**
> **2 - modo gráfico monousuario**
> **6 - reboot**
> En /etc/init/rc.conf (ver. Ubuntu 14.04)

Este sistema de niveles de ejecución lo proporciona el sistema de arranque por defecto de la mayoría de distribuciones GNU/Linux (init). Sin embargo, Canonical ha estado desarrollando un nuevo sistema de arranque llamado upstart para sustituir a init, ya que init no se adapta a las necesidades actuales.

Modificar el runlevel por defecto

Por defecto, el sistema suele arrancar en el nivel de ejecución 5 (modo gráfico). Si se quisiera modificar este comportamiento, habría que editar el fichero */etc/inittab*.

id:niveles_ejecución:acción:proceso

Más concretamente, habría que modificar en el fichero */etc/inittab* la línea.

id:5:initdefault:

Donde el número 5 indica que el nivel de ejecución por defecto es el 5. Este número es el que hay que modificar para cambiar el nivel de ejecución en el que arranca el sistema por defecto.

    cat   /etc/inittab

¿Comprobar el nivel de ejecución actual?

    who -r
    'run-level' 2 2014-09-08 12:12
    runlevel
    N 2

PASO 1: Apagar el equipo.

Existen diferentes formas de apagar el sistema Linux, pero todas hacen referencia a init 0.

    init 0
    halt
    poweroff
    shutdown

a)   Ayuda.

    halt --help

b)   Aconsejable.

    halt -p

c)   Temporizar el apagado y mandar mensajes a los usuarios conectados shutdown.

c.1.) Ayuda.

    shutdown --help

c.2.) Apagar con el envío previo de un mensaje, de notificación "El equipo se apagará en breve".

    shutdown -k   El equipo se apagará en breve -c 30 –h

PASO 2: Reiniciar el sistema.

Existen diferentes formas de reiniciar el sistema Linux, pero todas hacen referencia a init 6.

    init 6
    reset
    halt -w
    shutdown -r
    reboot

PASO 3: Sincronización de unidad unidades de almacenamiento y buffer.

La **sincronización** escribe los datos almacenados temporalmente en la memoria al disco. Esto puede incluir (pero no se limitan a) superbloques modificados, inodos modificados, y el retraso en las lecturas y escrituras.

    sync

a)   Ayuda.

    sync --help

> **Obligatorio utilizarlo en disco raid, particiones LVM.**

b)   Por defecto.

    Sync

PASO 4: Arrancar en modo texto y pasar al entorno gráfico.
Si el sistema se arrancó en runlevel 3, y deseamos pasar a modo runlevel 5.
    startx
Para iniciar o levantar el modo gráfico (xinit).

ORDEN	DESCRIPCIÓN
startx -- :DISPLAY	Arrancar el servidor gráfico indicándole el DISPLAY, por defecto el primer DISPLAY es 0 (al cual accedemos con Cntrl+Alt+F7).
startx -- :1	Iniciamos el servidor gráfico en el DISPLAY 1, es decir en la consola que se accede mediante Control+ALT+F2, en la cual luego de presionar esa combinación de teclas (Control+ALT+F2) e iniciar cesión podremos ejecutar aplicaciones gráficas.
X :DISPLAY	Si no queremos arrancar ningún escritorio y queremos hacer uso de las X (ejecutar aplicaciones gráficas sin levantar GNOME).
X :3	Arranca el cuarto servidor gráfico. La mayoría de los programas gráficos en GNU/Linux soportan la opción -display o—display con la que se le indica el servidor gráfico donde queremos que se ejecute.

De haber arrancado las X en un display :3 nos puede ser útil sacar una consola en el para poder ejecutar cosas como: gnome-terminal --display :3.

Ir al DISPLAY :3 mediante la combinación de teclas Cntrl+Alt+F10 veremos una Xterm donde poder ejecutar comandos, ya sea para arrancar un escritorio o bien otra aplicación como puede ser un juego.

Si queremos arrancar las X junto con una consola podemos hacer uso del comando xinit, el cual por defecto arranca una Xterm.

PASO 5: Visualizar o cambiar información runlevel.
Se usa para cambiar, actualizar y consultar información de runlevel para los servicios del sistema. La orden chkconfig, es de administrador.
    chkconfig
d) Listar los niveles de ejecución y el estado de servicio.
    chkconfig --list
El comando de configuración anterior lista los niveles de ejecución y el estado del servicio (si está activo o no).
    chkconfig tomcat5 off
El comando anterior se usa para establecer el estado para el servicio tomcat5. Ahora el estado del servicio tomcat5 es inactivo.
    chkconfig --list tomcat5

PRÁCTICA 19: Configurar la red en Linux.
DESCRIPCION:

Configurar la tarjeta de red. Se puede realizar:

    e)   En entorno gráfico.
    f)   Desde la consola de texto.
          • Ficheros de configuración.
          • Línea de orden.

Se explica la configuración desde la consola, en los ficheros de configuración, puede cambiar de una versión a otra.

Al fichero de configuración de la tarjeta de red.

    /etc/init/networking.conf   --> iniciar los parámetros de arranque.

    /etc/resolv.conf   --> Resolución de los DNS (PRIMARIO, SECUNDARIO)
    /etc/network/interfaces   --> Configuración de tarjetas de red.

    auto lo
    iface lo inet loopback

    auto eth0
    if ace eth0 inet static
          address   *192.168.0.170*
          netmask   *255.255.255.0*
          network   *192.168.0.0*
          broadcast   *192.168.0.255*
          gateway   *192.168.0.100f*

> La configuración de la tarjeta de red es obligatoria si deseamos que se puedan descargar, las aplicaciones y actualizar los repositorios, así como la configuración del servicio SSH, para poder utilizar la administración remota.

    cat /etc/resolv.conf
    ifconfig
    cat /etc/network/intefaces

PASO 1: Modificar el fichero /etc/network/interfaces.

    nano /etc/network/interfaces
    ctrl+x --> grabar
    ¿ sí ?   S [enter]

PASO 2: Nombre del equipo.

    /etc/hostname
    nano /etc/hostname
    ctrl+x

    grabar si
    con el nombre hostname [enter].

PASO 3: Modificar el fichero de resolución de DNS.

    /etc/resolv.conf
    nano /etc/resolv.conf

PASO 4: Configurar en la línea de orden o PROMPT.

Se utilizar la orden ifconfig, se asigna dispositivo de red una dirección y una máscara.

    ifconfig eth0 192.168.2.197 netmask 255.255.255.0

Asignar un alias a una tarjeta de red.

    ifconfig eth0:1 192.168.2.198 netmask 255.255.255.0

PASO 5: Reiniciar los cambios /etc/init.d/

Fichero a ejecutar networking

    cd /etc/init.d
    ls -l networking

Ejecutar el fichero.

    ./networking restart
    . networking restart

Si estoy en modo root, me expulsa a modo usuario.

PRÁCTICA 20: Agregar aplicaciones o repositorios en Linux en Debian o Ubuntu.
DESCRIPCIÓN:

¿En qué consiste un repositorio de aplicaciones Linux Debian o Ubuntu?

Un repositorio consiste en al menos un directorio con algunos paquetes DEB en él, y dos ficheros especiales que son el **Packages.gz** para los paquetes binarios y el **Sources.gz** para los paquetes de las fuentes.

Una vez que tu repositorio esté listado correctamente en el **sources.list,** si los paquetes binarios son listados con la palabra clave **deb** al principio, apt buscará en el fichero índice Packages.gz, y si las fuentes son listadas con las palabras claves **deb-src** al principio, éste buscará en el fichero índice Sources.gz.

Esto se debe a que en el fichero **Packages.gz** se encuentra toda la información de todos los paquetes, como nombre, versión, tamaño, descripción corta y larga, las dependencias y alguna información adicional que no es de nuestro interés. Toda la información es listada y usada por los Administradores de Paquetes del sistema tales como dselect o aptitude.

Sin embargo, en el fichero **Sources.gz** se encuentran listados todos los nombres, versiones y las dependencias de desarrollo (son los paquetes necesitados para compilar) de todos los paquetes, cuya información es usada por **apt-get source** o herramientas similares.

Una vez que hayas establecido tus repositorios, serás capaz de listar e instalar todos sus paquetes junto a los que vienen en los discos de instalación Debian; una vez que hayas añadido el repositorio deberás ejecutar en la consola:

> **# aptitude update**

Esto es con el fin de actualizar la base de datos de nuestro APT y así el podrá "decirnos" cuales paquetes disponemos con nuestro nuevo repositorio. Los paquetes serán actualizados cuando ejecutemos en consola.

> **# aptitude upgrade**

Usaremos apt-get para agregar paquetes.

Existe un repositorio se encuentra.   /etc/apt

> ls -l /etc/apt

sources.list

Contiene las referencias de los servidores de repositorio, es un fichero de texto.

Notificación en la conexión o acceso al terminal de consola.

```
Welcome to Ubuntu 15.04 (GNU/Linux 3.19.0-15-generic x86_64)
Documentation:  https://help.ubuntu.com/

7 packages can be updated.
7 updates are security updates.
```

PASO 1: Editar el fichero /etc/apt/sources.list
a)   Acceder al directorio
> cd   etc/apt
> ls -l sources.list

b)   Editar el fichero sources.list, para agregar la actualización de los repositorios:
- Los ficheros especiales: **deb**
- Los paquetes binarios: **deb-src**
> # nano sources.list

PASO 2: Agregar ciertas ordenes, aplicaciones...
a)   Agregar la orden tree.
> apt-get   install tree

   Sino no funciona se necesitan revisar los pasos siguientes:

a.1) Paso previo para instalar, hay que resolver DNS.
> nano /etc/resolv.conf
> search 192.168.0.100   80.58.61.250 80.58.61.254 8.8.8.8
> nameserver 80.58.61.250
> nameserver 80.58.61.254
> nameserver 8.8.8.8
> cd /etc/init.d

a.2) Reiniciar el servicio de red, para cargar los nuevos valores.
> ./networking restart

a.3) Comprobar la configuración e instalar.
> ifconfig
> apt-get   install tree

b)   Agregar un núcleo de GNOME.
> apt-get install xorg gnome-core

> Nota: La ayuda man puede aparecen en español en muchos órdenes.

c)   Instalar aplicaciones de lenguaje (español):
> apt-get install   language-pack-es
> apt-get install   language-pack-es-base

d)   Instalar el paquete de lenguajes para el gnome.
> apt-get install   language-pack-gnome-es

apt-get install language-pack-gnome-es-base
e) Instalar un selector.
    apt-get install language-selector
    apt-get install language-support-es

PASO 3: Actualizar versiones.

a) Realizar una actualización de la versión de nuestro sistema, para asegurarnos que se encuentra en la más reciente, empleando la siguiente línea de orden:
    sudo do-release-upgrade
    do-release-upgrade

b) Es aconsejable o conveniente actualizar a la última los distintos paquetes que se encuentren instalados:
    sudo apt-get update && sudo apt-get -y dist-upgrade
    apt-get update && apt-get -y dist-upgrade

PASO 4: Instalar el entorno gráfico en UBUNTU SERVER.

    sudo apt-get install Ubuntu-desktop

a) Tras la ejecución de esta instrucción habremos instalado el entorno gráfico Gnome al completo, lo cual incluye bastantes herramientas de escritorio que normalmente no son necesarias en un servidor, como Libre Office, y que además consumen recursos. Para evitar esto, es posible utilizar una segunda alternativa, que tan solo instala una configuración mínima de escritorio:
    sudo apt-get install x-window-system-core gnome-core

b) Después de la instalación, para arrancar el entorno gráfico, ejecutar lo siguiente:
    startx

c) Para configurar el idioma en español será necesario instalar los siguientes paquetes:
    sudo apt-get install language-pack-es
    sudo apt-get install language-pack-es-base
    sudo apt-get install language-pack-gnome-es
    sudo apt-get install language-pack-gnome-es-base
    sudo apt-get install language-selector-gnome

APLICACIÓN	CONFIGURACIÓN REPOSITORIO
Medibuntu	deb http://packages.medibuntu.org/ intrepid free non-free Instala los paquetes medibuntu-keyring y app-install-data-medibuntu.
Wine	deb http://wine.budgetdedicated.com/apt intrepid mainel paquete wine
OpenOffice.org 3.0	deb http://ppa.launchpad.net/openoffice-pkgs/ubuntu intrepid main
Opera	deb http://deb.opera.com/opera/ stable non-free e instala el paquete opera.
Banshee	deb http://ppa.launchpad.net/banshee-team/ubuntu intrepid main e instalaremos el paquete banshee
VideoLAN Client (VLC)	deb http://ppa.launchpad.net/c-korn/ubuntu intrepid main Una vez actualizada la lista de fuentes sólo tenemos que instalar el paquete vlc
Boxee	deb http://apt.boxee.tv intrepid main El paquete a instalar, boxee
Elisa	deb http://ppa.launchpad.net/elisa-developers/ppa/ubuntu intrepid main y el paquete a instalar, como era de esperar, elisa
Netbook Remix	deb http://ppa.launchpad.net/netbook-remix-team/ubuntu intrepid main Para poder disfrutar de UNR es necesario instalar los paquetes go-home-applet, human-netbook-theme, maximus, netbook-launcher y window-picker-applet y ejecutar al inicio netbook-launcher y maximus
Gnome Do	deb http://ppa.launchpad.net/do-core/ppa/ubuntu intrepid main
Deluge	deb http://ppa.launchpad.net/deluge-team/ubuntu intrepid main y el nombre del paquete a instalar, deluge
Google Gadget	deb http://ppa.launchpad.net/googlegadgets/ppa/ubuntu hardy main El paquete que nos interesa es google-gadgets
Mythbuntu	deb http://ppa.launchpad.net/mythbuntu/ubuntu hardy main
Compiz	deb http://ppa.launchpad.net/compiz/ubuntu intrepid main y actualiza el sistema.
Miro	deb http://ftp.osuosl.org/pub/pculture.org/miro/linux/repositories/ubuntu intrepid/ y el paquete a instalar, miro
Mundo geek	deb http://ppa.launchpad.net/zootropo/ppa/ubuntu intrepid main

Firmas GPG

Las firmas GPG de los repositorios que las requieren, para el caso de que el gestor de paquetes se queje:

Aplicación	URL de las firmas GPG para los repositorios
OpenOffice	http://keyserver.ubuntu.com:11371/pks/lookup?op=get&search=0x60D11217247D1CFF
Gnome-DO	http://keyserver.ubuntu.com:11371/pks/lookup?op=get&search=0x28A8205077558DD0
Deluge	http://keyserver.ubuntu.com:11371/pks/lookup?op=get&search=0xC5E6A5ED249AD24C
Google	https://dl-ssl.google.com/linux/linux_signing_key.pub
WineHQ	http://wine.budgetdedicated.com/apt/Scott%20Ritchie.gpg

PRÁCTICA 21: Configurar los datos básicos de un servidor UBUNTU.
DESCRIPCIÓN:
Configuración de la tarjeta de red.

        ifconfig --> Permite ver datos de la configuración y establecer datos de configuración.

                eth0:   Tarjeta de red, la primera de las tarjetas de red. Ethernet.

                lo: localhost, 127.0.0.1

        ping   localhost

        ping   127.0.0.1

PASO 1: Ver la configuración de red.
        ifconfig

        192.168.2.245

Según CIDR el número de bits que forman las máscaras se indican ir/n_bits el n_bits depende de las categorías de las máscaras: a, b, c y otras.

        8 -> a

        16-> b

        24 ->c

> Nota: se utiliza con la orden route, para realizar tablas de enrutamientos.

a)   Ayuda.

        ifconfig --help

b)   Defecto, muestra la información de las tarjetas de red.

        ifconfig

c)   Establecer una dirección IP y la máscara, pruebas o de forma temporal.

        ifconfig eth0 192.168.0.150 netmask 255.255.255.0

        ifconfig

        ifconfig eth0:1 192.168.0.180 netmask 255.255.255.0

        ifconfig

PASO 2: Nombre del equipo.
        hostname

a)   Ayuda.

        hostname --help

b)   Por defecto.

        hostname

c)   Visualizar el dominio al que pertenece.

        hostname -d

d)   Ver todas las direcciona IPs.

        hostname -I

e)   Ver la dirección IP asignada.

        hostname -i

f)   Ver el servidor asignado por defecto, arranque.

        hostname -b   (boot)

hostname

Sintaxis:	hostname [Opciones]
OPCIÓN	DESCRIPCIÓN
-a	Muestra el alias del host, si existe.
-d	Muestra el nombre de dominio DNS
-f	Muestra el fully qualified nombre de dominio.
-h	Muestra mensajes de ayuda.
-i	Muestra la dirección IP del host.
-s	No muestra el nombre de dominio.

> NOTA: El resto de las opciones se utilizan con los servidores de dominio, especialmente con el protocolo LDAP--> Active Directory.

PASO 3: Ver la configuración de la Equipo a nivel de versión y núcleo del S.O.
        w

a)   Ayuda.

        man w

        w --help

b)   Por defecto.

        w

c)   Visualizar versión.

        w -V

d)   Eliminar el título de la cabecera.

        w -h

e)   Ignorar la identificación de procesos por su UID

        w -u

w

Sintaxis:	w [-husfV] [usuario]
OPCIÓN	DESCRIPCIÓN
-h	No escribe la cabecera.
-u	No tiene en cuenta el nombre de usuario cuando se comprueba el tiempo del proceso actual y de CPU. Para mostrar esto, haga un "su" y haga un "w" y un "w -u".
-s	Usa el formato corto. No escribe el tiempo de conexión, ni JCPU, ni PCPU.
f	Cambia la escritura del campo from (nombre del nodo remoto). Por defecto es que el campo from no se escribe, pero el administrador de su sistema o el supervisor de la distribución puede haber compilado una versión en la que el campo from se muestre por defecto.
-V	Muestra información sobre la versión.
usuario	Muestra solamente información sobre los usuarios especificado.

PASO 4: Ver los terminales conectados.
Visualiza los dispositivos serie, terminales virtuales (accesibles por orden con las pulsaciones Alt-F1 a Alt-Fnn en la consola local), "/dev/pts/0", que designa que el usuario está utilizando el dispositivo "/pts/0", pero no muestra ninguna información sobre este dispositivo

        tty

        stty

a)   Ayuda.

        tty --help

b)   Por defecto.

        tty

tty

Sintaxis:	tty [opciones]
-s	No muestra nada

/etc/utmp información sobre quien está conectado en el momento

/proc información sobre procesos

c) Ayuda.
       stty   --help   //Terminales serie
d) Por defecto.
       stty

PASO 5: Quien soy.
       who a im
       whoami
a) Ayuda .
       whoami --help
b) Nombre de usuario.
       whoami

PASO 6: Visualizar información de los usuarios que están actualmente conectados.

El comando who puede listar los nombres de los usuarios conectados actualmente, su terminal, el tiempo que han estado conectados, y el nombre del host desde el que se han conectado.
       who
a) Ayuda.
       who --help
       man who
b) Por defecto.
       who
c) Fecha y hora de arranque del sistema.
       who -b
d) Nivel de ejecución.
       runlevel 0-6   --->   init <runlevel>
       who -r
e) Visualizar los procesos muertos.
       who -d
f) Visualizar los procesos de inicio de conexión.
       who -l
g) Visualizar toda la información.
       who -a

who	
Sintaxis:	who [opciones] [archivo]
OPCIÓN	DESCRIPCIÓN
am i	Muestra el nombre de usuario de quien lo invoca. El "am" y el "i" deben ir separados.
-b	Muestra la hora del último arranque del sistema.
-d	Muestra los procesos muertos.
-H	Muestra los encabezados de columna encima de la salida.
-i	Incluye el tiempo parado como HORAS:MINUTOS. Un tiempo parado e indica actividad en el último minuto.
-m	Igual que who am i.
-q	Muestra sólo los nombres de usuario y la cuenta de usuarios activos.
-T,-w	Incluir el mensaje de estado del usuario en la salida.

PASO 7: Muestra el identificador numérico del host actual en hexadecimal.
       hostid
       root@192:~# hostid
       0000c000

UNIDAD DE TRABAJO V: Administración del sistema I. Configuración de red. Administración de usuarios y grupos

PRÁCTICA 22: Administrar grupos en Linux.

PRÁCTICA 23: Administrar usuarios en Linux con órdenes.

PRÁCTICA 24: Administrar usuarios y grupos en Linux con scripts Perl.

Contenidos
- Administración del sistema.
- Grupos en Linux.
- Usuarios en Linux.

Órdenes

addgroup, adduser, groupadd, groupmod, groupdel, gpasswd, groups, newgrp, useradd, users, usermod, userdel, passwd, id, logname, chown, pwck, grpck.

PRÁCTICA 22: Administrar grupos en Linux.

DESCRIPCIÓN:

La administración de un sistema operativo Linux, precisa previamente una instalación y configuración correcta, posteriormente el sistema debe arrancar sin errores.

A partir de este punto comienza las tareas de planificación del arranque y parada del sistema, monitorización sistema, copias de seguridad, opciones sobre grupos y usuarios: crear, modificar y borrar, etc...

PASO 1: Crear nuevas cuentas de grupo.

    groupadd

a) Ayuda.

    groupadd --help

b) Crear un grupo sin especificaciones.

    groupadd   toreros

c) Crear un grupo asignándole una identificación.

    groupadd -g 1300 cuadrilla

    es /etc/grupo

    root:x:0:

    root--> nombre del grupo

    x   --> la clave se encuentra en el fichero /etc/gshadow

    0   --> GID o GUID

    Blanco -> usuarios que forman parte del grupo.

    groupadd   prensa

d) Crear un grupo de dispositivos (-r).

    groupadd -r -g 197 usbdata

e) Crear un grupo con el mismo id de otro grupo (-o).

    groupadd -o -g 1300   ciclos

groupadd

Sintaxis: **groupadd [opciones] nombre_de_grupo**

OPCIÓN	DESCRIPCIÓN
-f	Termina si el grupo ya existe, y cancela.
-g	Si el GID ya se está en uso.
-g	Utiliza GID para el nuevo grupo.
-h	Muestra este mensaje de ayuda y termina.
-K CLAVE=VALOR	Sobrescribe los valores predeterminados de /etc/login.def
-o	Permite crear grupos con GID (no únicos) duplicados.
-p CONTRASEÑA	Utiliza esta contraseña cifrada para el nuevo grupo.
-r	Crea una cuenta del sistema.
-R CHROOT_DIR	Directorio en el que hacer chroot.

La siguiente GUID es a partir del último número asignado, previamente, inicialmente es 1000.

PASO 2: Modificar los parámetros de un grupo.

    groupmod

a) Ayuda.

    groupmod --help

b) Modificar la identificación de un grupo.

    groupmod -g 1350 toreros

c) Modificar o cambiar la identificación para coincida con otro grupo.

    groupmod -o -g 1350 ciclos

d) Modificar la gid de un dispositivo.

    groupmod   -g 297 ciclos

e) Cambiar el nombre a un grupo.

    groupmod -n   ies ciclos

groupmod

Sintaxis: **groupadd [opciones] nombre_de_grupo**

OPCIÓN	DESCRIPCIÓN
-g GID	Cambia el identificador del grupo a GID.
-n GRUPO_NUEVO	Cambia el nombre a GRUPO_NUEVO.
-o	Permite utilizar un GID duplicado (no único).
-p CONTRASEÑA	Cambia la contraseña a CONTRASEÑA (cifrada).
-R CHROOT_DIR	Directorio en el que hacer chroot.

PASO 3: Borrar grupos.

    groupdel

a) Ayuda.

    groupdel --help

b) Borrar por defecto.

    groupadd   nuevo

    cat /etc/group

    groupdel nuevo

    cat /etc/group

c) Borrar el directorio.

    groupdel -R

groupdel

Sintaxis: **groupdel [opciones] GRUPO**

OPCIÓN	DESCRIPCIÓN
-R ROOT_DIR	Directorio en el que hacer chroot

PASO 4: Establecer el password a un grupo.

    gpasswd

a) Ayuda.

    gpasswd --help

b) Establecer password a un grupo por defecto.

    groupadd -g 1350 torero

    groupadd -g 1400 informatica

    groupadd -g 1500 bachillerato

    groupadd -g 1600 eso

    gpasswd   torero

    passwd...:

    repetir....:

gpasswd

Sintaxis: **groupadd [opciones] nombre_de_grup**

OPCIÓN	DESCRIPCIÓN
-a USUARIO	Añade USUARIO al GRUPO.
-d USUARIO	Elimina USUARIO del GRUPO.
-Q CHROOT_DIR	En el Directorio de chroot.
-r	Elimina la contraseña de GRUPO.
-R	Restringe el acceso a GRUPO a sus miembros.
-M USUARIO,...	Establece la lista de miembros de GRUPO.
-A ADMIN,...	Establece la lista de administradores de GRUPO.

Excepto las opciones -A y -M, las opciones no se pueden combinar.

```
        useradd   -m -d /home/user1   user1
        useradd   -m -d /home/user2   user2
        useradd   -m -d /home/user3   user3
```

c) Añadir usuarios a un grupo.

```
        gpasswd  -a user1  torero
        gpasswd  -a user2  torero
        gpasswd  -a user3  torero
        cat   /etc/group
```

d) Borrar usuarios de un grupo.

```
        gpasswd  -d user3  torero
        cat   /etc/group
        gpasswd  -d user2  torero
        gpasswd  -d user1  torero
        cat   /etc/group
```

e) Agregar una lista de miembros a un grupo.

```
        gpasswd  -M  user1,user2,user3   torero
        cat /etc/passwd
```

f) Asignar a un usuario como administrador del grupo.

```
        gpasswd  -A  user1   torero
```

g) Borrar la clave de un grupo.

```
        gpasswd –r   torero
```

> La contraseña de un grupo sirve para, establecer cambios de grupos a un usuario. Pide la contraseña.

Grupos preconfigurados	
Group ID	GID
bin	1
sys	3
adm	4
tty	5
disk	6
lp	7
mem	8
kmem	9
wheel	10
mail	12
man	15
floppy	19
named	25
rpm	37
xfs	43
apache	48
ftp	50
lock	54
sshd	74
nobody	99
users	100

PASO 5: Ver el grupo al que pertenece un miembro, usuario.

Muestra la pertenencia a grupo de cada NOMBREUSUARIO, o, si no se especifica NOMBREUSUARIO, el proceso actual (que puede ser distinto si la base de datos de grupos ha cambiado).

```
        groups
```

a) Ayuda.

```
        groups --help
```

b) Defecto.

```
        groups  user1
```

PASO 6: Especificar el grupo por defecto de un usuario.

Especifica cuál es el grupo por defecto de un usuario, el grupo por defecto se usa por ejemplo para especificar el grupo de un nuevo fichero creado.

```
        newgrp
```

a) Ayuda.

```
        newgrp --help
```

b) Asignación por defecto.

```
        newgrp
```

Grupos del sistema	
root	Dueño de la mayoría de ficheros del sistema.
daemon	Dueño del correo, impresora y otro software del sistema y directorios.
kmem	Gestiona el acceso directo a la memoria del kernel.
sys	Dueño de ficheros del sistema, ficheros de intercambio, e imágenes de memoria.
nobody	Dueño de software sin permisos especiales.
tty	Ficheros de dispositivos que controlan las terminales.
users	Usuarios del sistema.

PRÁCTICA 23: Administrar usuarios en Linux con órdenes.
DESCRIPCIÓN:

Qué es lo que podemos hacer con los usuarios:

- Dar de alta usuarios.
- Modificar usuarios.
- Borrar usuarios.
- Ver el fichero de claves y restricciones.
- Establecer password.
- Visualizar la identificación de un usuario.
- Bloquear cuentas de usuarios.
- Desbloquear cuentas de usuarios.

PERMISO	DESCRIPCIÓN
r	El permiso para leer un archivo. El permiso para leer un directorio (también requiere "x").
w	El permiso para borrar o modificar un archivo. El permiso para borrar o modificar archivos en un directorio.
x	El permiso para ejecutar un archivo / script. El permiso para leer un directorio (también requiere "r").
s	ID de usuario o grupo en la ejecución Set.
u	Permisos concedidos al usuario propietario del archivo.
t	Ajuste "sticky bit. Ejecutar fichero / script como usuario root para el usuario normal.

Tipos de Usuarios

Usuario root

- También llamado supe usuario o administrador.
- Su UID (User ID) es 0 (cero).
- Es la única cuenta de usuario con privilegios sobre todo el sistema.
- Acceso total a todos los archivos y directorios con independencia de propietarios y permisos.
- Controla la administración de cuentas de usuarios.
- Ejecuta tareas de mantenimiento del sistema.
- Puede detener el sistema.
- Instala software en el sistema.
- Puede modificar o reconfigurar el kernel, controladores, etc.

Usuarios especiales

- Ejemplos: bin, daemon, adm, lp, sync, shutdown, mail, operator, squid, apache, etc.
- Se les llama también cuentas del sistema.
- No tiene todos los privilegios del usuario root, pero dependiendo de la cuenta asumen distintos privilegios de root.
- Lo anterior para proteger al sistema de posibles formas de vulnerar la seguridad.
- No tienen contraseñas pues son cuentas que no están diseñadas para iniciar sesiones con ellas.
- También se les conoce como cuentas de "no inicio de sesión" (nologin).
- Se crean (generalmente) automáticamente al momento de la instalación de Linux o de la aplicación.
- Generalmente se les asigna un UID entre 1 y 100 (definifo en /etc/login.defs).

Usuarios normales

- Se usan para usuarios individuales.
- Cada usuario dispone de un directorio de trabajo, ubicado generalmente en /home.
- Cada usuario puede personalizar su entorno de trabajo.
- Tienen solo privilegios completos en su directorio de trabajo o HOME.
- Por seguridad, es siempre mejor trabajar como un usuario normal en vez del usuario root, y cuando se requiera hacer uso de comandos solo de root, utilizar el comando su.
- En las distros actuales de Linux se les asigna generalmente un UID superior a 1000, a partir del kernel 2.6.
- Cada vez que se crea un usuario se crea un grupo con el mismo nombre y coinciden el UID, con el GUID.

Archivos de configuración

Los usuarios normales y root en sus directorios de inicio tienen varios archivos que comienzan con "." es decir están ocultos. Varían mucho dependiendo de la distribución de Linux que se tenga, pero seguramente se encontrarán los siguientes o similares:

.bash_profile aquí podremos indicar alias, variables, configuración del entorno, etc. que deseamos iniciar al principio de la sesión.

.bash_logout aquí podremos indicar acciones, programas, scripts, etc., que deseemos ejecutar al salirnos de la sesión.

.bashrc es igual que **.bash_profile**, se ejecuta al principio de la sesión, tradicionalmente en este archivo se indican los programas o scripts a ejecutar, a diferencia de .bash_profile que configura el entorno.

PASO 1: Dar de alta usuarios.

Añadir nuevos usuarios o crear nuevas cuentas en Linux.

    useradd

a) Ayuda.

    man   useradd

    useradd --help

b) Dar de alta un usuario por defecto.

No se establece el directorio de trabajo.

    Hay que definir el directorio de trabajo con mkdir.

    ls

    mkdir   /home/user4

```
            useradd  user4
            cat  /etc/passwd
            useradd  user5
            passwd  user5
            ctrl+alt+F3
            pwd  --> /
            mkdir user5
```
c)   Desconectar al usuario:
```
            logout
            exit
            login
```
   Dar de alta un usuario y crear al mismo tiempo un directorio.

c.1) Dar de alta y asignar directorio de trabajo. Debería de estar creado antes el directorio.
```
            useradd  -d /practicas/alumno  alumno
            mkdir  /practicas
            mkdir  /practicas/alumno
```
c.2) Dar de alta un usuario y crear el directorio
```
            useradd  -m -d /practicas/alumno1  alumno1
```
d)   Crear un usuario asignando un grupo principal.
   --> cambio el password al usuario con el que trabajo.
```
      useradd  -m -d /practicas/alumno2  -g torero
      alumno2
            passwd  alumno2
            passwd
```
e)   Asignar a un usuario a diferentes grupos, sea miembro secundario de diferentes grupos.
```
            useradd  -m -d /practicas/alumno3 -g torero –G
            bachillerato,eso  alumno3.
            passwd  alumno3
            groups alumno3
            gpasswd -A alumno3  eso
            groups alumno3
```
f)   Establecer la identificación de usuario -u número.
```
            useradd  -m -d /practicas/alumno4 -g eso -u 1500  alumno4
            passwd  alumno4
            groups alumno4
            id  alumno4
```
g)   Asignar la misma identificación a otro usuario, es la opción -o.
```
            id  root
            id
            useradd  -m -d /practicas/picador  -g root -G torero –u 0 -o  picador
            passwd picador
            id picador
```
h)   Agregar una línea de comentario al fichero /etc/passwd.
```
            useradd  -m -d /practicas/alumno6 -g torero  -c "alumno perezoso, si ilusión"  alumno6
            cat /etc/passwd
```
i)   Asignar el tipo de intérprete de comandos (SHELL).
```
            useradd  -m -d /practicas/alumno7 -g torero  -c "alumno perezoso, si ilusión"  -s /bin/sh  alumno7
```
j)   Establecer restricciones de la asignación de la fecha de expiración de la clave.
```
            useradd -m -d /practicas/alumno8 -e 04/06/2014 alumno8
```
k)   Establecer el número de días que la cuenta de un usuario va a estar habilitada después de la fecha de expiración o caducidad ("7 días").
```
            useradd -m -d /practicas/alumno9 -e 05/06/2014 –f 12 alumno9
```
   f 12   es el número de días, que se puede acceder con el usuario después de caducada la clave o la cuenta.

l)   Notificación, previa a la caducidad de una cuenta -W número de días.
```
            useradd -m -d /practicas/alumno10 –e 05/07/2014 –f 12 –W 20  alumno10
```
   20 días antes de la caducidad de la cuenta, cada vez que se acceda se comunica que la cuenta caducada, en un periodo de tiempo.
```
            useradd -m -d /practicas/alumno10 –e 05/07/2014 –f 12 –W 35  alumno10
```

useradd

Sintaxis: useradd [opciones] nombre_usuario

OPCIÓN	DESCRIPCIÓN
-b	Directorio base para el directorio personal de la nueva cuenta.
-c COMENTARIO	Campo GECOS de la nueva cuenta.
-d DIR_PERSONAL	Directorio personal de la nueva cuenta.
-D	Imprime o cambia la configuración predeterminada de useradd.
-e	Fecha de caducidad de la nueva cuenta.
-f	Periodo de inactividad de la contraseña de la nueva cuenta.
-g GRUPO	Nombre o identificador del grupo primario de la nueva cuenta.
-G GRUPOS	Lista de grupos suplementarios de la nueva cuenta.
-k DIR_SKEL	Utiliza este directorio skeleton alternativo.
-K	Sobrescribe los valores predeterminados de /etc/login.defs.
-l	No añade el usuario a las bases de datos de lastlog y faillog.
-m	Crea el directorio personal del usuario.
-M	No crea el directorio personal del usuario.
-N	No crea un grupo con el mismo nombre que el usuario.
-o	Permite crear usuarios con identificadores (UID) duplicados (no únicos).
-p CONTRASEÑA	Contraseña cifrada de la nueva cuenta.
-r	Crea una cuenta del sistema.
-R CHROOT_DIR	Directorio en el que hacer chroot.
-s CONSOLA	Consola de acceso de la nueva cuenta.
-u UID	Identificador del usuario de la nueva cuenta.
-U	Crea un grupo con el mismo nombre que el usuario.
-Z USUARIO_SE	Utiliza el usuario indicado para el usuario de SELinux.

Al crear un usuario por defecto se asigna en el directorio /home un directorio con el mismo nombre, que deberíamos tener creado previamente (mkdir). Si el directorio no está creado previamente, el usuario está asignado a un directorio de trabajo que no existe.

Para que el directorio se cree al mismo tiempo deben utilizarse las opciones:
            useradd   -m   -d   /home/mialumno

> Se puede especificar la clave con –p, pero hay que darla encriptada. ---> usar passwd

PASO 2: Modificar la cuenta de un usuario usermod.

   Todas opciones de useradd se utilizan igual además incorpora dos opciones [-L|-U] permite bloquear o desbloquear la cuenta de un usuario, igual que con la orden passwd, cuyas opciones son en minúsculas.
```
            usermod
```

a) Bloquear y desbloquear una cuenta de usuario.
a.1) Bloquear una cuenta de usuario.
      usermod -L alumno10
a.2) Desbloquear una cuenta de usuario.
      usermod -U alumno10
b) Acceder desde consola.
      login
      passwd
c) Visualizar procesos activos.
      ps -aux
d) Matar un proceso.
      kill -9 1926

> **Nota:** Si el usuario está conectado hay que matar el proceso para expulsar al usuario.

PASO 3: Borrar una cuenta de usuario.

Borra la cuenta de un usuario /etc/passwd, permite borrar el usuario y todos sus datos o solo el usuario.
      userdel

a) Ayuda.
      userdel --help
b) Borrar solo el usuario.
      userdel alumno10
c) Borrar toda la información respecto al usuario.
      /etc/passwd
      /etc/shadow
      /etc/group
      /PRÁCTICA/alumno10 (borrar el vínculo), no se borra la información ni la carpeta.
d) Borrar el usuario y todo el contenido de su trabajo.
      userdel -r alumno9

Borrar los ficheros + directorios que referencie este usuario, como propietario en su directorio de trabajo (defecto /home/alumno9).

userdel

Sintaxis: userdel [opciones] usuario	
OPCIÓN	DESCRIPCIÓN
-a	Informa del estado de las contraseñas de todas las cuentas.
-d	Borra la contraseña para la cuenta indicada -e -expire fuerza a que la contraseña de la cuenta caduque.
-f	Forzar la eliminación de los ficheros, incluso si no pertenecen al usuario.
-h	Muestra este mensaje de ayuda y termina.
-k	Cambia la contraseña sólo si ha caducado.
-i	Establece la contraseña inactiva después de caducar a INACTIVO.
-l	Establece el número máximo de días AS_MIN.
-q	Modo silencioso de la contraseña a.
-r	Cambia la contraseña en el repositorio REP.
-R	Directorio en el que hacer chroot.
-S	Informa del estado de la contraseña la cuenta AS_MAX establece el número máxima AS_MAX antes de cambiar la contraseña a vida indicada.
-Z	Eliminar cualquier asignación de usuario SELinux para el usuario.

PASO 4: Establecer la clave aun usuario.

Solicita la clave de un usuario dado de alta, permite bloquear/desbloquear la cuenta de un usuario, deben de estar creados.
      passwd

a) Ayuda.
      passwd --help
b) Establecer la clave a un usuario.
      passwd user4
c) Bloquear una cuenta.
      passwd -l alumno8
d) Desbloquear una cuenta.
      passwd -u alumno8
e) Borrar un password o clave.
      passwd -d alumno8
f) Informar del estado de la contraseña de todas las cuentas.
      passwd -a
g) Informa del estado de la contraseña.
      passwd -S
      root P 05/20/2014 0 99999 7 -1

PASO 5: Identificación de usuarios y grupos a los que pertenecen.

Muestra la información de usuario y grupo para el NOMBRE USUARIO especificado, o (cuando se omite NOMBRE DE USUARIO) para el usuario actual.
      id

a) Ayuda.
      id --help
b) Por defecto.
      id

Asumen que lo que preguntamos es por el usuario con el que trabajamos.
c) Preguntar por un usuario concreto.
      id alumno8
      id root
      uid=0(root) gid=0(root) grupos=0(root)
d) Visualizar el grupo principal al que pertenece el usuario.

id

Sintaxis: id [opciones] usuario	
OPCIÓN	DESCRIPCIÓN
-a	Sin efecto, para compatibilidad con otras versiones.
-Z	Muestra sólo el contexto de seguridad del usuario actual.
-g	Muestra sólo el ID de grupo principal.
-G	Muestra sólo los grupos suplementarios, secundarios.
-n	Muestra un nombre en lugar de un número, para -ugG.
-r	Muestra el ID real en lugar del ID efectivo, para -ugG.
-u	Muestra sólo el ID efectivo del usuario.

id -g alumno4
e)   Visualizar los grupos secundarios a los pertenece.
id -G alumno3
f)   Identificar los permisos reales.
id -r
id -r alumno3
g)   Identificar un usuario.
id -u
id -u alumno3
h)   Visualizar el nombre del usuario.
id -n
id -n -g
id -n -G
id -n -u
id -n -g alumno3
id -n -G alumno3
id -n -u alumno3

chown	
Sintaxis:	chown [opcion] nuevo_usuario nom_archivo/directorio
OPCIÓN	**DESCRIPCIÓN**
-R	Cambia el permiso en archivos que estén en subdirectorios del directorio en el que estés en ese momento.
-c	Cambia el permiso para cada archivo.
-f	Previene a chown de mostrar mensajes de error cuando es incapaz de cambiar la titularidad de un archivo.

PASO 6: Identificar el nombre del grupo(s) a que pertenece un usuario.

Muestra la pertenencia al grupo de cada USUARIO, o, si no se especifica el nombre del usuario, el proceso actual (que puede ser distinto si la base de datos de grupos ha cambiado).
groups

groups	
Sintaxis:	groups usuario

a)   Ayuda.
groups --help
b)   Por defecto.
groups alumno
alumno :   *alumno adm cdrom sudo dip plugdev lpadmin sambashare*

PASO 7: Muestra el nombre del usuario actual.
logname

logname
Muestra el nombre del usuario actual.

a)   Ayuda.
logname --help
b)   Por defecto.
logname
c)   Versión de la orden.
logname --version

PASO 8: Establecer o cambiar el propietario de un fichero o directorio.

Se usa para cambiar el propietario / usuario del archivo o directorio. Es un comando de administrador, sólo el usuario root puede cambiar el propietario de un archivo o directorio.
chown
a)   Ayuda.
chown --help
b)   Establece el usuario y el grupo solamente al usuario root para el directorio /backup:
chown root:root /backup
c)   El dueño del archivo "testo.txt" es root, cambia al nuevo usuario baldo.
chown baldo testo.txt
d)   El dueño del directorio "testo01.txt" es root, con la opción -R el usuario de los archivos y subdirectorios también se cambia.
chown -R baldo   testo01.txt
e)   Aquí cambia el dueño sólo para el archivo "textp02.txt".
chown -c   baldo texto02.txt
f)   Establecer como propietario al usuario root y permitir cualquier miembro del grupo ftp que tenga acceso al archivo cosa.txt (verificar que se tenga suficientes permisos de escritura/lectura).
chown root:ftp /home/data/cosa.txt

SUID
Permite ejecutar un fichero, y se ejecuta como si el que lo ejecuta fuera el dueño del Fichero.
chmod o+s   fichero

g)   Establecer el propietario al nombre de cualquier usuario y un grupo.
chown root:ftp /home/data/cosa.txt
h)   Establecer el propietario al nombre de un usuario en cualquier grupo.
chown root:ftp /home/data/cosa.txt
i)   Establecer el propietario sea ningún usuario de ningún grupo.
chown root:ftp /home/data/cosa.txt

PASO 9: Verificar la integridad de los archivos de contraseñas.
pwck
a)   Ayuda.
pwck --help
b)   Verificar la integridad sin opciones.

```
pwck  /etc/passwd
```
user 'lp': directory '/var/spool/lpd' does not exist
user 'news': directory '/var/spool/news' does not exist
user 'uucp': directory '/var/spool/uucp' does not exist
user 'www-data': directory '/var/www' does not exist
user 'list': directory '/var/list' does not exist
user 'irc': directory '/var/run/ircd' does not exist
user 'gnats': directory '/var/lib/gnats' does not exist
user 'nobody': directory '/nonexistent' does not exist
user 'syslog': directory '/home/syslog' does not exist
user 'whoopsie': directory '/nonexistent' does not exist

c) Visualizar la salida solo con los informes de error.
```
pwck -q  /etc/passwd
```
d) Ejecutar en modo solo de lectura.
```
pwck  -r  /etc/passwd
```
e) Ordenar las entradas por UID en el fichero passwd y shadow.
```
pwck  -s  /etc/passwd
```

pwck	
Sintaxis:	**pwck [Opción] [passwd [shadow]]**
OPCIÓN	**DESCRIPCIÓN**
-q	Informa solo de los Errores.
-r	Ejecute el comando pwck en modo de sólo lectura.
-s	Ordenar las entradas en /etc/passwd y /etc/shadow por UID.

PASO 10: Verificar la integridad de los archivos del grupo.
```
grpck
```
a) Ayuda.
```
grpck   --help
```
b) Información por defecto.
```
grpck
```
c) Ejecutar solo en modo lectura.
```
grpck  -r  /etc/group
```
d) Ejecuta las entradas en /etc/group   y las ordena por GID y las compara con gshadow.
```
grpck  -s  /etc/group
```

grpck	
Sintaxis:	**grpck [-r] [-s] [group [gshadow]]**
OPCIÓN	**DESCRIPCIÓN**
-r	Ejecute en modo de sólo lectura. Esto hace que todo preguntas con respecto a los cambios que hay que responder sin ningún usuario intervención.
-s	Escribe texto o la dirección de un sitio web, o bien, traduce un documento. Ordenar las entradas en / etc / group y / etc / gshadow por GID.

PRÁCTICA 24: Administrar usuarios y grupos en Linux con scripts Perl.
DESCRIPCIÓN:

Perl fue creado por Larry Wall para simplificar tareas de administración de un sistema Unix, aunque hoy en día se ha convertido en una de las mejores herramientas para creación de scripts o de construcción de sitios Web.

Perl es un lenguaje rápido pese a ser interpretado, multiplataforma y dispone de una gran cantidad de bibliotecas para el desarrollo de casi cualquier tipo de aplicación. Es software libre, no hay que pagarlo.

El ejemplo más sencillo de un programa en Perl, sería en Linux:

```
#!/bin/perl
print "Hola Mundo\n";
```

Ahora, cogemos el anterior programa y lo guardamos en un fichero con extensión .pl que es la extensión de los scripts en Perl. Para ejecutarlo, basta con llamarlo por su nombre (si se tiene los permisos de ejecución adecuados): ./hola.pl

Como se puede deducir, con la primera línea indicamos donde está el intérprete de Perl, después de #!. Esto no haría falta si, al ejecutar el script, lo hacemos usando el intérprete. Por ejemplo:

/usr/bin/perl hola.pl

Las ordenes adduser y addgroup añaden usuarios al sistema de acuerdo a las opciones de la línea de órdenes y a la configuración en /etc/adduser.conf. Proporcionan una interfaz más amigable para los programas useradd y groupadd, eligen valores para UID y GID conformes con las normas de Linux, crean un directorio personal con la configuración predeterminada.

> **CUÁL ES LA DIFERENCIA ENTRE EJECUTAR UN SCRIPT BASH USANDO SH Y ./**
> a) Cuando ejecutas un script pasando el nombre de archivo del script a un intérprete (sh, python, perl, etc.), en realidad estás ejecutando el intérprete pasándole como argumento el programa, todo en forma automática y sin que el usuario que ejecutó el script se entere.
> ```
> # sh /home/user1/prueba003.sh
> ```
> b) Para poder ejecutar un script por sí solo deben cumplirse 2 condiciones:
> 1. El script debe incluir un "bang line". Se trata de la primera línea de un script, que debe comenzar con los caracteres #! y que debe especificar la ruta en la que se encuentra el intérprete. Es importante notar que esta condición se cumple para cualquier tipo de script (python, perl, etc.), no sólo los de bash.
> ```
> #!/bin/bash
> #!/bin/perl
> ```
> 2. El archivo debe tener permisos de ejecución.
> ```
> chmod 744  prueba003.sh
> ./prueba003.sh
> . prueba003.sh
> ```

PASO 1: Dar de alta un grupo.

El script que permite crear un grupo en la línea de órdenes.

```
addgroup
```

a) Ayuda.

```
addgroup --help
```

b) Por defecto nos da una error, que faltan parámetros.

```
root@profesor:/home/alumno# addgroup
addgroup: Sólo se permiten uno o dos nombres.
```

c) Crear un grupo estableciendo solo el nombre, se le asigna por defecto el gid del grupo según el contador.

```
root@profesor:/home/alumno# addgroup nuevo
Añadiendo el grupo 'nuevo' (GID 1006) ...
Hecho.
```

d) Crear un grupo estableciendo el **gid** del grupo y el nombre.

```
root@profesor:/home/alumno# addgroup—gid 1400  fiestas
Añadiendo el grupo 'fiestas' (GID 1400) ...
Hecho.
```

PASO 2: Dar de alta un usuario normal en UBUNTU.

Añadir un usuario del sistema.

```
adduser
```

a) Ayuda.

```
adduser --help
```

> Dar de alta un usuario normal
> **adduser** [--home DIR] [--shell SHELL] [--no-create-home] [--uid ID] [--firstuid ID] [--lastuid ID] [--gecos GECOS] [--ingroup GRUPO | --gid ID] [--disabled-password] [--disabled-login] [--encrypt-home] USUARIO

b) Por defecto.

```
root@profesor:/home/alumno# adduser
adduser: Sólo se permiten uno o dos nombres.
root@profesor:/home/alumno# adduser alumno00
Añadiendo el usuario 'alumno00' ...
Añadiendo el nuevo grupo 'alumno00' (1007) ...
Añadiendo el nuevo usuario 'alumno00' (1004) con grupo 'alumno00' ...
Creando el directorio personal '/home/alumno00' ...
Copiando los ficheros desde '/etc/skel' ...
Introduzca la nueva contraseña de UNIX:
Vuelva a escribir la nueva contraseña de UNIX:
passwd: contraseña actualizada correctamente
Cambiando la información de usuario para alumno00
Introduzca el nuevo valor, o presione INTRO para el predeterminado
Nombre completo []: primer alumno
Número de habitación []: 00
Teléfono del trabajo []: 034910000001
Teléfono de casa []: 034910000002
Otro []:
¿Es correcta la información? [S/n] S
```

PASO 3: Dar de alta un usuario del sistema en UBUNTU.

a) Añadir un usuario más por defecto al sistema.

```
root@profesor:/home/alumno# adduser—system alumno12
Añadiendo el usuario del sistema 'alumno12' (UID 121) ...
Añadiendo un nuevo usuario 'alumno12' (UID 121) con grupo 'nogroup' ...
Creando el directorio personal '/home/alumno12' ...
```

b)   Añadir el nombre de usuario y el directorio asociado a él.

   adduser   --system --home /home/alumno02 alumno02

c)   Añadir un usuario y su identificación numérica.

   adduser   --system --home /home/alumno03 alumno03

d)   Añadir un usuario y su identificación numérica.

   adduser   --system --no-create-home   --uid 1200 alumno030

e)   Añadir un usuario y su identificación numérica.

   adduser   --system --home /home/alumno04 --uid 1250   alumno04

f)   Añadir un usuario y su identificación numérica y la identificación del grupo.

   adduser   --system --home /home/alumno05   --ingroup fiestas alumno05

   adduser   --system --home /home/alumno06   --gid 1400 alumno06

   adduser   --system --home /home/alumno07   --ingroup users alumno07

```
Añadiendo el usuario del sistema 'alumno07' (UID 123) ...
Añadiendo un nuevo usuario 'alumno07' (UID 123) con grupo 'users' ...
Creando el directorio personal '/home/alumno07' ...
```

   adduser   --system --home /home/alumno08   --gid 1400 alumno08

```
Añadiendo el usuario del sistema 'alumno08' (UID 122) ...
Añadiendo un nuevo usuario 'alumno08' (UID 122) con grupo 'fiestas' ...
Creando el directorio personal '/home/alumno08' ...
```

g)   Añadir un usuario y su identificación numérica, grupo de trabajo principal, grupo principal y Shell.

   adduser   --system --home /home/alumno09 --shell /bin/csh --uid 1410 --ingroup fiestas alumno09

```
Añadiendo el usuario del sistema 'alumno09' (UID 1410) ...
Añadiendo un nuevo usuario 'alumno09' (UID 1410) con grupo 'fiestas' ...
Creando el directorio personal '/home/alumno09' ...
```

h)   Añadir un usuario y su identificación numérica, y desactivar el password.

   adduser   --system --home /home/alumno10 --uid 1300 --disabled-password alumno10

```
Añadiendo el usuario del sistema 'alumno10' (UID 1300) ...
Añadiendo un nuevo usuario 'alumno10' (UID 1300) con grupo 'nogroup' ...
Creando el directorio personal '/home/alumno10' ...
```

i)   Añadir un usuario y desactivar la cuenta.

   adduser   --system --home /home/alumno11 --disabled-password—disabled-login alumno11

```
Añadiendo el usuario del sistema 'alumno11' (UID 124) ...
Añadiendo un nuevo usuario 'alumno11' (UID 124) con grupo 'nogroup' ...
Creando el directorio personal '/home/alumno11' ...
```

> **Añadir un usuario del sistema**
> adduser --system [--home DIR] [--shell SHELL] [--no-create-home] [--uid ID] [--gecos GECOS] [--group | --ingroup GRUPO | --gid ID] [--disabled-password] [--disabled-login] USUARIO

PASO 4: Dar de alta un usuario normal en Slackware 14.1

```
root@192:~# adduser

Login name for new user []: alumno020
User ID ('UID') [ defaults to next available ]: 1800
Initial group [ users ]:
Additional UNIX groups:
Users can belong to additional UNIX groups on the system.
For local users using graphical desktop login managers such
as XDM/KDM, users may need to be members of additional groups
to access the full functionality of removable media devices.

* Security implications *
Please be aware that by adding users to additional groups may
potentially give access to the removable media of other users.
If you are creating a new user for remote shell access only,
users do not need to belong to any additional groups as standard,
so you may press ENTER at the next prompt.

Press ENTER to continue without adding any additional groups
Or press the UP arrow key to add/select/edit additional groups
:

Home directory [ /home/alumno020 ]
Shell [ /bin/bash ]
Expiry date (YYYY-MM-DD) []:
New account will be created as follows:

---------------------------------------------------------
Login name.......:  alumno020
UID..............:  1800
Initial group....:  users
Additional groups:  [ None ]
Home directory...:  /home/alumno020
Shell............:  /bin/bash
Expiry date......:  [ Never ]
This is it... if you want to bail out, hit Control-C.  Otherwise, press
ENTER to go ahead and make the account.
```

```
Creating new account...

Changing the user information for alumno020
Enter the new value, or press ENTER for the default
Full Name []: alumno creado en Slackware 14.1
Room Number []: 1000
Work Phone []: 910000001
Home Phone []: 910000002
Other []:
Changing password for alumno020
Enter the new password (minimum of 5 characters)
Please use a combination of upper and lower case letters and numbers.
New password:
Re-enter new password:
passwd: password changed.

Account setup complete.
```

PASO 5: Dar de alta un usuario normal en CentOS 7.0 con adduser.

a) Crear un usuario, y asignar un directorio de trabajo.

```
[root@localhost home]# adduser -m -b /home  alumno003
[root@localhost home]# ls -l
total 0
drwx------. 2 alumno    alumno    59 ago  6 01:34 alumno
drwx------. 2 alumno003 alumno003 59 sep 13 18:41 alumno003
```

b) No añade el usuario alas base de datos lastlog y faillog.

```
[root@localhost home]# adduser -l -m -b /home  alumno004
[root@localhost home]# ls -l
total 0
drwx------. 2 alumno    alumno    59 ago  6 01:34 alumno
drwx------. 2 alumno003 alumno003 59 sep 13 18:41 alumno003
drwx------. 2 alumno004 alumno004 59 sep 13 18:44 alumno004
```

c) No crear un grupo con el mismo nombre que el usuario.

```
[root@localhost home]# adduser -N -m -b /home  alumno005
[root@localhost home]# ls -l
total 0
drwx------. 2 alumno    alumno    59 ago  6 01:34 alumno
drwx------. 2 alumno003 alumno003 59 sep 13 18:41 alumno003
drwx------. 2 alumno004 alumno004 59 sep 13 18:44 alumno004
drwx------. 2 alumno005 users     59 sep 13 18:46 alumno005
```

d) Crear una cuenta de sistema.

```
[root@localhost home]# adduser -r -m -b /home  alumno006
[root@localhost home]# ls -l
total 0
drwx------. 2 alumno    alumno    59 ago  6 01:34 alumno
drwx------. 2 alumno003 alumno003 59 sep 13 18:41 alumno003
drwx------. 2 alumno004 alumno004 59 sep 13 18:44 alumno004
drwx------. 2 alumno005 users     59 sep 13 18:46 alumno005
drwx------. 2 alumno006 alumno006 59 sep 13 18:47 alumno006
```

adduser [opciones] USUARIO	
adduser -D	
adduser -D [opciones]	
Opción	**Descripción**
-b	Directorio base para el directorio personal de la nueva cuenta.
-c	Campo GECOS de la nueva cuenta.
-d	Directorio personal de la nueva cuenta.
-D	Imprime o cambia la configuración predeterminada de useradd.
-e	Fecha de caducidad de la nueva cuenta.
-f	Periodo de inactividad de la contraseña de la nueva cuenta.
-g	Nombre o identificador del grupo primario de la nueva cuenta.
-G	Lista de grupos suplementarios de la nueva cuenta.
-k	Utiliza este directorio «skeleton» alternativo.
-K	Sobrescribe los valores predeterminados de«/etc/login.defs».
-l	No añade el usuario a las bases de datos de lastlog y faillog.
-m	Crea el directorio personal del usuario.
-M	No crea el directorio personal del usuario.
-N	No crea un grupo con el mismo nombre que el usuario.
-o	Permite crear usuarios con identificadores (UID) duplicados (no únicos).
-p	Contraseña cifrada de la nueva cuenta.
-r	Crea una cuenta del sistema.
-R	Entrar en el directorio de chroot.
-s	Consola de acceso de la nueva cuenta.
-u	Identificador del usuario de la nueva cuenta.
-U	Crea un grupo con el mismo nombre que el usuario.
-Z	Utiliza el usuario indicado para el usuario de SELinux.

e) Crear un usuario con el mismo ID o identificador de usuario que otros.

```
[root@localhost home]# adduser -u 0 -o -m -b /home  alumno007
[root@localhost home]# ls -l
total 0
drwx------. 2 alumno    alumno    59 ago  6 01:34 alumno
drwx------. 2 alumno003 alumno003 59 sep 13 18:41 alumno003
drwx------. 2 alumno004 alumno004 59 sep 13 18:44 alumno004
drwx------. 2 alumno005 users     59 sep 13 18:46 alumno005
drwx------. 2 alumno006 alumno006 59 sep 13 18:47 alumno006
drwx------. 2 root      alumno007 59 sep 13 18:50 alumno007
```

> **Nota:** la ruta de creación del directorio de trabajo solo se escribe el directorio padre /home, (se especifica –m para crear el directorio –b es la ruta del directorio padre), a partir de él, se crea el directorio alumnoXXX, que es el último valor escrito. Sino se asigna la ruta directorio padre.
> **adduser alumno013**
> Se crea por defecto en el directorio **/home**
> **/home/alumno013.**

f) Crear una nuevo shell de conexión.

```
adduser -s /bin/sh  -m -b /home  alumno008
```

g) Establecer el grupo principal.

```
cat /etc/group
adduser -g root  -m -b /home  alumno009
```

h) Establecer los grupos secundarios y el grupo principal y el directorio a crear el directorio de trabajo.

```
adduser -g users  -G alumno001,alumno002,alumno003  -m -b /home  alumno010
```

i) Establecer una línea de comentario.

```
adduser -g users  -G alumno001,alumno002,alumno003 -c 'alumno 11 nuevo'  -m -b /home  alumno011
cat /etc/passwd
...
alumno:x:1000:1000:alumno:/home/alumno:/bin/bash
alumno001:x:1001:1001::/home/alumno001/alumno001:/bin/bash
alumno002:x:1002:1002::/home/alumno002/alumno002:/bin/bash
alumno003:x:1003:1003::/home/alumno003:/bin/bash
alumno004:x:1004:1004::/home/alumno004:/bin/bash
```

```
alumno005:x:1005:100::/home/alumno005:/bin/bash
alumno006:x:998:997::/home/alumno006:/bin/bash
alumno007:x:0:1005::/home/alumno007:/bin/bash
alumno008:x:1006:1006::/home/alumno008:/bin/sh
alumno009:x:1007:0::/home/alumno009:/bin/bash
alumno010:x:1008:100::/home/alumno010:/bin/bash
alumno011:x:1009:100:alumno 11 nuevo:/home/alumno011:/bin/bash
```

j) Añadir un usuario con restricciones de fecha de caducidad y fecha de inactivación.

```
adduser  -c 'alumno 12 con restricciona acceso 60 dias caducidad 15' -e 13/11/2015 -f 15 -m -b
/home  alumno012
```

k) Comprobar si existen restricciones.

```
cat /etc/shadow

...
alumno:$6$XI3WRSkTGwx6Z1.D$HazdTO2MJqMrbvgt01N1LSTYkXUN0XQ../6j2vJvmVh7lkrtnwzPE74VvwMTh5vThToN
PnCVCwCd1uD0mDwOB/:16652:0:99999:7:::
alumno001:!!:16691:0:99999:7:::
alumno002:!!:16691:0:99999:7:::
alumno003:!!:16691:0:99999:7:::
alumno004:!!:16691:0:99999:7:::
alumno005:!!:16691:0:99999:7:::
alumno006:!!:16691::::::
alumno007:!!:16691:0:99999:7:::
alumno008:!!:16691:0:99999:7:::
alumno009:!!:16691:0:99999:7:::
alumno010:!!:16691:0:99999:7:::
alumno011:!!:16691:0:99999:7:::
alumno012:!!:16691:0:99999:7:15:16811:
```

l) Asignar passwords, a usuarios ya creados los alumnos.

```
passwd  alumno001

...
passwd  alumno012
cat /etc/shadown

alumno010:$6$0UMfiYjt$a2tW5f0avkh7gaEJsoPnIm3jzAyQZ5cEgzvLKGRoca9/WaeiE7U9Qwi7dzbiScrBCzrnYlVnJ
Rq7b3NRWcxsX/:16691:0:99999:7:::
alumno011:$6$Ru0AEBpG$pTQkt0rUfs3kmS6GCC4krgjSl8rVwsjgk9ifCFiK0Y22pdHpqs28OSnSdLBlSkr1.uMqsdQsy
uASx6bgTS/9E/:16691:0:99999:7:::
alumno012:$6$yx3XY0e3$r.wFDcUYL70DgAVUoZegdBAvjvrKoE/pXV7ASJ5N5l/ltO.8ujMITdCmF6xo.WaEnEXd.i1Y8
FLihbqo7Y26o0:16691:0:99999:7:15:16811:
```

UNIDAD DE TRABAJO *VI*: Administración del sistema II. Ajustes del sistema

PRÁCTICA 25: Información de dispositivos en Linux.

PRÁCTICA 26: Procesos y operativa.

Contenido:
- Gestión de discos en Linux.
- Gestión de memoria en Linux.
- Actualización del sistema operativo.
- Gestionar hardware del sistema operativo.
- Monitorización y rendimiento del sistema.
- Agregar/Eliminar/Actualizar software en el sistema operativo.
- Programación de tareas en Linux.

Órdenes

df, du, exec, file, free, vmstat, pmap, ps, sar, time, lock, pgrep, pstree, top, kill, sleep, bg, fg, jobs, nice, renice, nohup, stop, init, telinit, service.

PRÁCTICA 25: Información de dispositivos en Linux.

DESCRIPCIÓN:

Memoria.

Espacio de disco.

Memoria Virtual Compartida

Existe la necesidad de compartir la memoria entre procesos. Pueden existir varios procesos corriendo en el sistema, procesos del tipo comando de la Shell de bash, más que múltiples copias de bash, cada una con su propio espacio de direcciones virtuales de memoria, sin duda sería mucho mejor "tener una sola copia en memoria física y que todos los procesos que corran bash la compartiecen".

El espacio de memoria de intercambio o **Swap** es lo que se conoce como **memoria virtual**. La diferencia entre la memoria real y la virtual es que está última utiliza espacio en la unidad de almacenamiento en lugar de un módulo de memoria. Cuando la memoria real se agota, el sistema copia parte del contenido de esta directamente en este espacio de memoria de intercambio a fin de poder realizar otras tareas.

Utilizar memoria virtual tiene como ventaja el proporcionar la memoria adicional necesaria cuando la memoria real se ha agotado y se tiene que continuar un proceso. Como consecuencia de utilizar espacio en la unidad de almacenamiento como memoria es que es considerablemente más lenta.

PASO 1: Disposición de la memoria.

El comando free muestra información sobre la memoria libre y usada del sistema.

    free

a) Ayuda.

    free --help

b) Por defecto.

    free

	total	usado	libre	compart.	búffers
almac.					
Mem:	1025940	868832	157108	2272	99188
373444					
-/+ buffers/cache:		396200	629740		
Intercambio:	1046524	440	1046084		

c) Visualizar la salida en diferentes formatos de unidades.

    free -b
    free -k
    free -m
    free -g
    free --tera

d) Visualizar con detalles.

    free -l

	total	usado	libre	compart.	búffers
almac.					
Mem:	1025940	868836	157104	2272	99188
373444					
Bajo:	890828	762136	128692		
Alto:	135112	106700	28412		
-/+ buffers/cache:		396204	629736		
Intercambio:	1046524	440	1046084		

e) Visualizar la totalidad de la memoria.

    free -t

	total	usado	libre	compart.	búffers	almac.
Mem:	1025940	868832	157108	2272	99188	373444
-/+ buffers/cache:		396200	629740			
Intercambio:	1046524	440	1046084			
Total:	2072464	869612	1202852			

f) Usar formato antiguo.

	total	usado	libre	compart.	búffers	almac.
Mem:	1025940	868832	157108	2272	99188	373444
Intercambio:	1046524	440	1046084			

PASO 2: Espacio del sistema de ficheros.

    df

a) Ayuda.

    df --help

b) Por defecto.

    df
    Filesystem   1K-blocks   Used Available Use% Mounted on
    /dev/sda1   24639868 8349448 15015748   36% /
    tmpfs   506240   0   506240   0% /dev/shm

c) Incluir sistemas de archivos que tienen los bloques 0

    root@192:~# df -a
    Filesystem   1K-blocks   Used Available Use% Mounted on
    /dev/sda1   24639868 8349448 15015748   36% /

free

Sintaxis:	**free [opciones]**
OPCIÓN	DESCRIPCIÓN
-b	Mostrar la salida en bytes.
-k	Mostrar la salida en kilobytes.
-m	Mostrar la salida en megabytes.
-g	Mostrar la salida en gigabytes.
--tera	Mostrar la salida en terabytes.
-h	Muestra salida en formato legible por humanos.
--si	Usar potencias de 1000 no de 1024.
-l	Mostrar estadísticas detalladas de memoria baja y alta.
-o	Usar formato antiguo (sin línea -/+buffers/cache).
-t	Mostrar el total para RAM + swap.
-s N	Repetir la salida cada N segundos.
-c N	Repetir la salida N veces y luego terminar.

df

Sintaxis:	**df [opción]... [fichero]...**
Opción	DESCRIPCIÓN
-a	Incluir sistemas de archivos que tienen los bloques 0
-B	*TAMAÑO* bloques de tamaño bytes
-h	Tamaños de impresión en formato legible por el hombre (por ejemplo, 1K 234m 2G)
-H	De igual modo, pero el uso de poderes de 1000 no 1024
-i	Listar información inodo en lugar del uso de bloque
-k	Como **tamaño --block** = *1K*
-l	Listado límite a los sistemas de archivos locales .
--no-sync	No invocar la sincronización antes de obtener información de uso (por defecto).
-P	Utilizar el formato de salida de POSIX.
-t	Listado límite a los sistemas de archivos de tipo TIPO.
-T	Visualizar el tipo de sistema de archivos
-x	Limitar la lista de sistemas de ficheros no de tipo TIPO.

```
proc                0       0        0     - /proc
sysfs               0       0        0     - /sys
tmpfs          506240       0   506240    0% /dev/shm
```

PASO 3: Espacio usado por los ficheros.

        du

a) Ayuda.

        du --help

b) Por defecto.

        du

c) Visualizar toda la información.

        du -a

d) Visualizar toda la información de un directorio

        du -a   alumnos

e) Visualizar solo el total del espacio usado.

        du -s

f) Muestra el tamaño de cada archivo en el directorio especificado.

        du -s curso2014

g) Muestra el espacio total en disco utilizado por el directorio especificado.

        du -h

h) Muestra la capacidad de la carpeta actual.

        du -h practica.doc

du	
Sintaxis:	**du [opción]... [fichero]**
OPCIÓN	**DESCRIPCIÓN**
-a	Escribir el recuento de todos los archivos, no sólo los directorios.
-B	Uso *TAMAÑO* bloques de tamaño bytes.
-b	Tamaño de la impresión en bytes.
-c	Producir un gran total.
-D	Ficheros que son referencia para los enlaces simbólicos.
-h	Tamaños de impresión en formato legible por el hombre (por ejemplo, 1K 234m 2G).
-H	El uso de la unidad de medida es 1000 no 1024.
-k	El tamaño --block = *1K*.
-l	Recuento de los tamaños muchas veces si vinculado duro.
-L	Eliminar la referencia de todos los enlaces simbólicos.
-S	No incluyen el tamaño de subdirectorios.
-s	Mostrar solamente un total para cada argumento.
-x	Saltarse directorios en sistemas de ficheros diferentes.

PASO 4: Infomar si el objeto que ves es un directorio o un archivo.

El comando file te dice si el objeto que ves es un directorio o un archivo.

        file

a) Ayuda.

        file --help

b) Por defecto.

        file /etc/passwd
        file /etc/init.d/networking

c) Visualizar la información de un directorio.

        file *

        Descargas: directory
        Documentos: directory
        Escritorio: directory
        examples.desktop: UTF-8 Unicode text

file	
Sintaxis:	**file [opciones] nombre_de_archivo/directorio**
OPCIÓN	**DESCRIPCIÓN**
-c	Comprobar el archivo mágico para errores de formato. Por razones de eficiencia, esta validación normalmente no se lleva a cabo.
-h	No sigue enlaces simbólicos.
-m	Utiliza mfile como archivo mágico alternativo.
-f	Contiene una lista de los archivos a examinar.

PASO 5: Muestra el estado de la memoria virtual (partición swap).

        vmstat

a) Ayuda.

        vmstat --help

b) Visualizar la memoria virtual por defecto.

        vmstat

c) Si el argumento es un número, éste especifica el intervalo en segundos para que se repita el listado.

        vmstat 5

    Muestra la información cada cinco segundos.

PASO 6: Información del uso de la memoria.

El fichero ubicado en el directorio **/proc/meminfo** contiene toda la información del uso de tu memoria.

        meminfo

a) Listar el contenido del fichero /proc/meminfo

        cat   /proc/meminfo
        less /proc/meninfo

PASO 7: Mostrar o examinar el mapa de memoria y las librerías de un proceso.

En un servidor Linux, puedes listar fácilmente los detalles de un proceso activo y visualizar su consumo real de memoria. A veces vemos que el ordenador se ralentiza y tenemos que ser capaces de **saber cuál es el proceso que está saturando la RAM**. Una vez hecho login como root.

        pmap

a) Ayuda.

        pmap --help

pmap	
Sintaxis:	**pmap [-rslF] [pid	core] ...**
	**pmap -x [-aslF] [pid	core] ..**
OPCIÓN	**DESCRIPCIÓN**
-a	Imprime anónimo y reservas de intercambio para compartir asignaciones.
-F	Agarra el proceso de destino, incluso si otro proceso tiene control.
-l	Muestra nombres del mapa enlazador dinámico no resueltos.
r	Imprime direcciones reservadas del proceso.
-s	Imprime página HAT información del tamaño.
-S	Intercambian información de reserva por la cartografía.
-x	Información adicional por la cartografia
Directorio ubicación /usr/bin.	

b) Solicitar el mapa de memoria de un proceso (PID).

```
ps  -aux
pmap    2281
```

c) Solicitar el mapa de memoria de un proceso y los detalles.

```
pmap   2281  -x
```

2281: su

Dirección	Kbytes	RSS	Sucio	Modo	Asignaciones
0008048000	32	28	0	r-x--	su
0008050000	4	4	4	r----	su
0008051000	4	4	4	rw---	su
0008052000	16	12	12	rw---	[anon]
00082cc000	132	76	76	rw---	[anon]
00b70d0000	96	56	0	r-x--	libpthread-2.19.so
00b70e8000	4	4	4	r----	libpthread-2.19.so
00b70e9000	4	4	4	rw---	libpthread-2.19.so

d) Solicitar el mapa de memoria de un proceso y todos los detalles.

```
pmap   2281  -X
```

2281: su

Dirección	Perm	Desplazamiento	Dispositivo	Inodo	Size	Rss	Pss	Referenced	Anonymous	Swap	Locked	Asignaciones
08048000	r-xp	00000000	08:01	131230	32	28	28	28	0	0	0	su
08050000	r—p	00007000	08:01	131230	4	4	4	0	4	0	0	su
08051000	rw-p	00008000	08:01	131230	4	4	4	4	4	0	0	su
08052000	rw-p	00000000	00:00	0	16	12	12	0	12	0	0	
082cc000	rw-p	00000000	00:00	0	132	76	76	24	76	0	0	[heap]
b70d0000	r-xp	00000000	08:01	918613	96	56	0	56	0	0	0	libpthread-2.19.so
b70e8000	r—p	00017000	08:01	918613	4	4	4	0	4	0	0	libpthread-2.19.so

PASO 8: Muestra estadísticas de paginación.

```
sar
```

a) Ayuda.

```
sar --help
```

b) Visualizar la estadística de paginación.

```
sar  -B
```

> Instalar los paquetes: sysstat, atsar
> **apt-get   install sysstat**
> **apt-get   install atsar**
> Actualización previa
> **apt-get   upgrade**

PASO 9: Mostrar información de la página del sistema.

```
time
```

a) Ayuda.

```
time  --help
```

b) Información de la página por defecto.

```
time
/usr/bin/time
```

> Se debe especificar es path completamente
> cualificado del comando "**/usr/bin/time**" para evitar
> el uso del comando "time" de la shell bash.

c) Muestra el tamaño de página del sistema, los errores de página, etc de un proceso durante su ejecución.

```
time  -v
/usr/bin/time -v
```

PASO 10: Información de las páginas libres.

El fichero ubicado en /**proc/freepages** contiene información de las "páginas libres" de la memoria virtual.

```
cat /proc/sys/vm/freepages
```

Es posible aumentar/disminuir este límite: echo 300 400 500 > /proc/sys/vm/freepages.

PASO 11: Bloquear un terminal.

Permite bloquear el terminal, para ello pide un password, dos veces.

```
lock
```

a) Ayuda.

```
lock --help
```

b) Bloquear el terminal por defecto.

```
lock
```

PRÁCTICA 26: Procesos y operativa.
DESCRIPCIÓN:

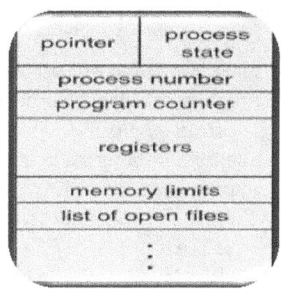

a) Procesos Linux.

a.2) Operaciones con procesos.

- Ver procesos.
- Matar proceso.
- Ejecutar procesos en primer plano.
- Ejecutar procesos en segundo plano.
- Ver la lista de procesos en segundo plano.

b) Gestión de procesos en Android.

b.1) Introducción.

Android OS es un sistema operativo desarrollado por Google para su uso en dispositivos móviles. Esto significa que ha sido diseñado para sistemas con poca memoria y un procesador que no es tan rápido como los procesadores de escritorio. Android está basado en el kernel Linux 2.6. Hay importantes modificaciones que se han hecho en el núcleo, pero tiene el mismo núcleo. El sistema operativo Android está diseñado como un único usuario del sistema operativo, así que Android se aprovecha de esto y se ejecuta cada componente como un usuario distinto. Esto permite Android para usar el modelo de seguridad de Linux y mantener los procesos en su propia caja de arena.

b.2) Descripción de los procesos.

La gestión de procesos en un sistema operativo típico implica muchas estructuras de datos y algoritmos complejos, pero no va mucho más allá del nivel de la gestión del proceso típico de estructura de datos. Android es similar en que en el nivel de base de las estructuras de control tienen el mismo aspecto.

b.3) Estructura de procesos.

Esta estructura de datos es administrada por una gestión de procesos estándar, que es algo como esto:

Android OS termina un proceso cuando no hay suficiente memoria para otros procesos.

Todos los componentes de aplicaciones que se ejecutan en el proceso que se está terminando por el sistema operativo se destruyen.

Un nuevo proceso se iniciará por aquellos componentes cuando estos componentes deben funcionar de nuevo

Android OS decide que procesa a

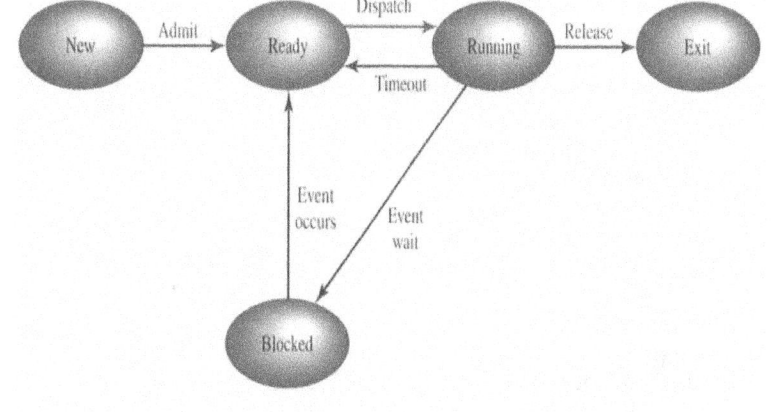

finalizar en función de su importancia relativa para el usuario, por ejemplo, todos los componentes de un proceso no son visibles.

Cuando un componente de aplicación se inicia y la aplicación no tiene ningún otro componente en funcionamiento, el sistema Android inicia un nuevo proceso de Linux para la aplicación con un solo hilo de ejecución. De forma predeterminada, todos los componentes de la misma aplicación se ejecutan en el mismo proceso y subproceso (llamado el "principal" hilo). Si un componente de aplicación se inicia y que ya existe un proceso para dicha aplicación (porque otro componente de la aplicación existe), entonces el componente se inicia dentro de ese proceso y usa el mismo hilo de ejecución. Sin embargo, usted puede hacer arreglos para diferentes componentes de la aplicación se ejecute en procesos separados, y se pueden crear subprocesos adicionales para cualquier proceso.

b.4) Procesos del ciclo de vida.

El sistema Android trata de mantener un proceso de aplicación para el mayor tiempo posible, pero con el tiempo necesario para eliminar los antiguos procesos para reclamar memoria para los procesos nuevos o más importantes. Para determinar qué procesos a seguir y que matar, el sistema coloca cada proceso en una "jerarquía de importancia", basada en los componentes que se ejecutan en el proceso y el estado de los componentes. Los procesos con menor importancia se eliminan primero, luego los que tienen la importancia más baja siguiente, y así sucesivamente, según sea necesario para recuperar los recursos del sistema.

PASO 1: Jerarquía de procesos.

```
ps
```
a)   Visualizar procesos ps.

a.1)   Ayuda.
```
ps --help
```
a.2)   Visualización por defecto.
```
ps
```

a.3)   Visualización completa de todos los procesos.
      ps -aux
b)   Visualizar el árbol de procesos pstree.
b.1)   Estructura del árbol de procesos.
      pstree --help
b.2)   Visualizar por defectos la estructura de árbol.
      pstree
b.3)   Visualizar con argumentos.
      pstree -a
b.4)   Visualizar los procesos de un usuario.
      pstree -u root
b.5)   Visualizar los procesos con su PID.
      pstree -p
b.6)   Visualizar a partir de un proceso concreto.
      pstree PID
      pstree 0
      pstree 438
b.7)   Muestra organizado por PID.
      pstree -n -p
b.8)   Muestra un proceso por PID.
      pstree 1001
      pstree -n

ps [opciones]

Opción	Descripción
-a	Listar información sobre todos los procesos más frecuentemente solicitados: todos excepto los líderes de grupo de procesos y los procesos no asociados con un terminal.
-A ó e	Lista información para todos los procesos.
-d	Lista información sobre todos los procesos excepto los líderes de sesión.
-e	Listar información sobre todos los procesos en ejecución.
-f	Genera un listado completo.
-j	Mostrar identificador de sesión y de grupo de proceso.
-l	Genera un listado largo.

Un **proceso** no es un programa sino un programa en ejecución, la pila del programa, las variables que cambian de valor, etc.
Un **demonio** (daemon) de un sistema multiusuario es el que se está ejecutando siempre en segundo plano, desde que se arranca el sistema hasta que se apaga, por lo que se dice que están vivos.
Algunos demonios son:
- **Cron.** Se encarga de ejecutar los programas que le indiquemos con el comando crontab a determinadas horas.
- **Sendmail.** Empleado para gestionar el correo electrónico.
- **Inetd.** Es el superdemonio de Internet.

```
|—gnome-terminal(1838)—┬—gnome-pty-helpe(1839)
                       |—bash(1840)————su(1863)————bash(1872)
                       |————pstree(19+
                       |
                       └—{gnome-terminal}(1841)
```

c)   Visualizar los procesos con una aplicación top.
      top
      ctop   para entorno gráfico
      atop
      mtop

PASO 2: Atributos de un proceso.
      ps
a)   Procesos activos en el terminal.
      ps
b)   Visualiza todos los procesos que se ejecutan en el terminal.
      ps -a
c)   Visualizar todos los procesos que se están ejecutando en el terminal.
      ps -A
      ps -e
d)   Visualizar información con formato de control de tareas.
      ps -j

PID	PGID	SID	TTY	TIME	CMD
1863	1863	1840	pts/0	00:00:00	su
1872	1872	1840	pts/0	00:00:00	bash
1950	1950	1840	pts/0	00:00:00	ps

e)   Identificación relativa a los procesos que se están en ejecución.
      ps -r

PID	TTY	STAT	TIME	COMMAND
1952	pts/0	R+	0:00	ps -r

f)   Visualizar todos los procesos que están en ejecución de un propietario o usuario.
      ps -u 0
      ps U root
g)   Secuencia más útil.
      ps aux

Columnas de información orden ps.
PID: número de identificación del proceso.
PGID: Identificación del grupo o grupos a los que pertenece el padre.
SID: Identificación de la sesión (número de proceso de sesión).
TTY: Tipo de dispositivo.
  pts/0 --> dispositivo de entrada/salida.
TIME: tiempo en ejecución.
CMD: orden en ejecución.

STAT: Estado
R: procesos en ejecución.
d: proceso dormido (sueño ininterrumpido).
n: proceso de baja prioridad.
s: dormido o en espera.
t: proceso en seguimiento o detenido.
z: zombie.
w: proceso de intercambio.
x: (dead) Procesos parados (MUERTOS).

Plano de ejecución, prioridad
+   Ejecución en primer plano.
<   Alta prioridad.
N   baja prioridad.
l   existen múltiples hilos.
L   bloqueado en Memoria (REAL TIME I/O).
r   residente en memoria.

h)   Ver todos los procesos con todas identificaciones además aparece una columna denominada STAT, con el estado de ejecución.
      ps j U root |**more**

PPID	PID	PGID	SID	TTY	TPGID	STAT	UID	TIME	COMMAND
0	1	1	1	?	-1	Ss	0	0:00	/sbin/init
0	2	0	0	?	-1	S<	0	0:00	[kthreadd]
2	3	0	0	?	-1	S<	0	0:00	[migration/0]
2	4	0	0	?	-1	S<	0	0:00	[ksoftirqd/0]

2	5	0	0 ?	-1	S<	0	0:00	[watchdog/0]
2	6	0	0 ?	-1	S<	0	0:00	[events/0]
2	7	0	0 ?	-1	S<	0	0:00	[cpuset]
2	8	0	0 ?	-1	S<	0	0:00	[khelper]
2	9	0	0 ?	-1	S<	0	0:00	[netns]
2	10	0	0 ?	-1	S<	0	0:00	[async/mgr]
2	11	0	0 ?	-1	S<	0	0:00	[kintegrityd/0]
2	12	0	0 ?	-1	S<	0	0:00	[kblockd/0]
2	13	0	0 ?	-1	S<	0	0:00	[kacpid]
2	14	0	0 ?	-1	S<	0	0:00	[kacpi_notify]
2	15	0	0 ?	-1	S<	0	0:00	[kacpi_hotplug]
2	16	0	0 ?	-1	S<	0	0:00	[ata/0]
2	17	0	0 ?	-1	S<	0	0:00	[ata_aux]
2	18	0	0 ?	-1	S<	0	0:00	[ksuspend_usbd]
2	19	0	0 ?	-1	S<	0	0:00	[khubd]
2	20	0	0 ?	-1	S<	0	0:00	[kseriod]
2	21	0	0 ?	-1	S<	0	0:00	[kmmcd]
2	22	0	0 ?	-1	S<	0	0:00	[bluetooth]

PPID: Identificación del proceso padre.
SID: Identificación de sesión.
UID: identificación de usuario.
TPGID: id. de grupo de procesos de tareas.

ps -aux

USER	PID	%CPU	%MEM	VSZ	RSS	TTY	STAT	START	TIME	COMMAND
root	1	0.0	0.2	4460	2540	?	Ss	sep10	0:01	/sbin/init
root	2	0.0	0.0	0	0	?	S	sep10	0:00	[kthreadd]
root	3	0.0	0.0	0	0	?	S	sep10	0:06	[ksoftirqd/0]
root	5	0.0	0.0	0	0	?	S<	sep10	0:00	[kworker/0:0H]
root	7	0.0	0.0	0	0	?	S	sep10	0:05	[rcu_sched]
root	8	0.0	0.0	0	0	?	S	sep10	0:00	[rcu_bh]

CAMPO	DESCRIPCIÓN
F	PROCESS FLAGS: 1 Bifurcado pero no ejecutado 4 Tiene privilegios de root.
USER	Nombre del usuario que lanzó el proceso.
UID	ID de usuario.
PID	ID del proceso padre
PPID	ID del proceso padre.
PGID	ID de grupo de un proceso.
%CPU	Porcentaje de uso de la CPU por este proceso.
%MEM	Porcentaje de ocupación de memoria por el proceso.
PRI	Prioridad del proceso. Este es el campo contador de la estructura de la tarea. Es el tiempo en HZ de la posible rodaja de tiempo del proceso.
NI	Nice, valor nice (prioridad) del proceso, un número positivo significa menos tiempo de procesador y negativo más tiempo (-19 a 19), número más elevado menor prioridad.
VSZ	Tamaño de la memoria virtual del proceso en Kb.
RSS	Tamaño de la parte residente; de la memoria física usada en Kb.
WCHAN	Para los procesos que esperan o dormidos, enumera el evento que espera.
STAT	Estado del proceso: R Ejecutable. (runnable). D Letargo ininterrumpió. (uninterruptible sleep). S Suspendido. (sleeping). s Es el proceso líder de la sesión. T Detenido, parado o trazado (traced). Z Zombie. N Tiene una prioridad menor que lo normal (indicado en el campo NI). < Tiene una prioridad mayor que lo normal. W si el proceso no tiene páginas residentes.
TTY	Nombre de la terminal a la que está asociado al proceso, si no hay terminal aparece entonces un '?'.
START TIME	Tiempo que lleva en ejecución.
COMMAND	Nombre del comando/orden/fichero en ejecución.

PASO 3: Visualizar los estados de los procesos en ejecución en tiempo "real".
Monitorizar los procesos en tiempo de ejecución.

        top
        ctop
        mtop
        atop (aplicación a descargar más amplia)
a)   Ayuda a ordenes de aplicación de monitorización.
        top --help

b) Visualización por defecto.

> top

```
top - 13:45:18 up 19 days, 18:58,  1 user,  load average: 0,05, 0,05, 0,01
Tasks: 133 total,   1 running,  89 sleeping,   0 stopped,   0 zombie
%Cpu(s):  0,3 us,  0,0 sy,  0,0 ni, 99,7 id,  0,0 wa,  0,0 hi,  0,0 si,  0,0 st
KiB Mem :  3991204 total,   250836 free,   408920 used,  3331448 buff/cache
KiB Swap:  2523132 total,  2522352 free,      780 used.  3273940 avail Mem

  PID USER      PR  NI    VIRT    RES    SHR S  %CPU %MEM     TIME+ COMMAND
16655 root      20   0       0      0      0 I   0,3  0,0   0:00.02 kworker/u128:1
16913 root      20   0   42824   4164   3468 R   0,3  0,1   0:00.03 top
    1 root      20   0  225552   9420   6808 S   0,0  0,2   0:13.94 systemd
    2 root      20   0       0      0      0 S   0,0  0,0   0:00.14 kthreadd
    4 root       0 -20       0      0      0 I   0,0  0,0   0:00.00 kworker/0:0H
    6 root       0 -20       0      0      0 I   0,0  0,0   0:00.00 mm_percpu_wq
    7 root      20   0       0      0      0 S   0,0  0,0   0:13.87 ksoftirqd/0
    8 root      20   0       0      0      0 I   0,0  0,0   0:56.04 rcu_sched
    9 root      20   0       0      0      0 I   0,0  0,0   0:00.00 rcu_bh
   10 root      rt   0       0      0      0 S   0,0  0,0   0:00.04 migration/0
   11 root      rt   0       0      0      0 S   0,0  0,0   0:02.20 watchdog/0
   12 root      20   0       0      0      0 S   0,0  0,0   0:00.00 cpuhp/0
   13 root      20   0       0      0      0 S   0,0  0,0   0:00.00 cpuhp/1
   14 root      rt   0       0      0      0 S   0,0  0,0   0:02.10 watchdog/1
   15 root      rt   0       0      0      0 S   0,0  0,0   0:00.04 migration/1
   16 root      20   0       0      0      0 S   0,0  0,0   0:18.78 ksoftirqd/1
   18 root       0 -20       0      0      0 I   0,0  0,0   0:00.00 kworker/1:0H
   19 root      20   0       0      0      0 S   0,0  0,0   0:00.00 kdevtmpfs
   20 root       0 -20       0      0      0 I   0,0  0,0   0:00.00 netns
   21 root      20   0       0      0      0 S   0,0  0,0   0:00.00 rcu_tasks_kthre
   22 root      20   0       0      0      0 S   0,0  0,0   0:00.00 kauditd
   25 root      20   0       0      0      0 S   0,0  0,0   0:00.52 khungtaskd
   26 root      20   0       0      0      0 S   0,0  0,0   0:00.00 oom_reaper
   27 root       0 -20       0      0      0 I   0,0  0,0   0:00.00 writeback
   28 root      20   0       0      0      0 S   0,0  0,0   0:00.00 kcompactd0
   29 root      25   5       0      0      0 S   0,0  0,0   0:00.00 ksmd
   30 root      39  19       0      0      0 S   0,0  0,0   0:16.95 khugepaged
   31 root       0 -20       0      0      0 I   0,0  0,0   0:00.00 crypto
   32 root       0 -20       0      0      0 I   0,0  0,0   0:00.00 kintegrityd
   33 root       0 -20       0      0      0 I   0,0  0,0   0:00.00 kblockd
   34 root       0 -20       0      0      0 I   0,0  0,0   0:00.00 ata_sff
   35 root       0 -20       0      0      0 I   0,0  0,0   0:00.00 md
   36 root       0 -20       0      0      0 I   0,0  0,0   0:00.00 edac-poller
   37 root       0 -20       0      0      0 I   0,0  0,0   0:00.00 devfreq_wq
   38 root       0 -20       0      0      0 I   0,0  0,0   0:00.00 watchdogd
   41 root      20   0       0      0      0 S   0,0  0,0   0:01.43 kswapd0
   42 root      20   0       0      0      0 S   0,0  0,0   0:00.00 ecryptfs-kthrea
   84 root       0 -20       0      0      0 I   0,0  0,0   0:00.00 kthrotld
   85 root       0 -20       0      0      0 I   0,0  0,0   0:00.00 acpi_thermal_pm
   93 root       0 -20       0      0      0 I   0,0  0,0   0:00.00 ipv6_addrconf
  102 root       0 -20       0      0      0 I   0,0  0,0   0:00.00 kstrp
  119 root       0 -20       0      0      0 I   0,0  0,0   0:00.00 charger_manager
  157 root      20   0       0      0      0 S   0,0  0,0   0:00.00 scsi_eh_0
  158 root       0 -20       0      0      0 I   0,0  0,0   0:00.00 scsi_tmf_0
  159 root      20   0       0      0      0 S   0,0  0,0   1:19.47 usb-storage
  172 root      20   0       0      0      0 S   0,0  0,0   0:00.00 scsi_eh_1
  173 root       0 -20       0      0      0 I   0,0  0,0   0:00.00 scsi_tmf_1
  174 root      20   0       0      0      0 S   0,0  0,0   0:00.00 scsi_eh_2
  175 root       0 -20       0      0      0 I   0,0  0,0   0:00.00 scsi_tmf_2
  176 root      20   0       0      0      0 S   0,0  0,0   0:00.00 scsi_eh_3
  177 root       0 -20       0      0      0 I   0,0  0,0   0:00.00 scsi_tmf_3
  178 root      20   0       0      0      0 S   0,0  0,0   0:00.00 scsi_eh_4
  179 root       0 -20       0      0      0 I   0,0  0,0   0:00.00 scsi_tmf_4
  180 root      20   0       0      0      0 S   0,0  0,0   0:00.00 scsi_eh_5
  181 root       0 -20       0      0      0 I   0,0  0,0   0:00.00 scsi_tmf_5
  182 root      20   0       0      0      0 S   0,0  0,0   0:00.00 scsi_eh_6
```

c) Matar un proceso en otra consola.

> CTRL+ALT+F2
>
> (Acceso con root, visualizar los procesos y matar un proceso luego cambiar de consola)
>
> > ps
> >
> > kill -9 numero_proceso

d) Visualizar los procesos.

> > ps
> >
> > kill -9 1234
> >
> > kill SIGKILL 1234
>
> Lanzar un proceso de dormir en segundo plano.
>
> > sleep 20 &
>
> Lanzar un proceso en segundo plano, background.
>
> > > bg ls -l
> > >
> > > ls -l > /dev/null &
> > >
> > > sleep 100 >/dev/null &

e) Visualizar procesos.

SIGINT	2	Term	Interrupt from keyboard
SIGQUIT	3	Core	Quit from keyboard
SIGILL	4	Core	Illegal Instruction
SIGABRT	6	Core	Abort signal from abort(3)
SIGFPE	8	Core	Floating point exception
SIGKILL	9	Term	Kill signal
SIGSEGV	11	Core	Invalid memory reference
SIGPIPE	13	Term	Broken pipe: write to pipe with no readers
SIGALRM	14	Term	Timer signal from alarm(2)
SIGTERM	15	Term	Termination signal
SIGUSR1	30,10,16	Term	User-defined signal 1
SIGUSR2	31,12,17	Term	User-defined signal 2
SIGCHLD	20,17,18	Ign	Child stopped or terminated
SIGCONT	19,18,25		Continue if stopped
SIGSTOP	17,19,23	Stop	Stop process
SIGTSTP	18,20,24	Stop	Stop typed at tty
SIGTTIN	21,21,26	Stop	tty input for background process
SIGTTOU	22,22,27	Stop	tty output for background process

ps aux

PASO 4: Matar un proceso.

El comando kill se usa para detener procesos en segundo plano y además, forzar a matar un proceso enviando una señal.

kill

killall

pkill

a) Ayuda.

kill --help

kill SIGNAL PID

kill -numero_señal PID

kill [-s] [-l] %pid	
-s	Especifica la señal a enviar. La señal puede ser un nombre de señal o un número.
-l	Escribe todos los valores de señal soportados por la implementación, si no se da ningún operando.
-pid	Identificador de proceso o trabajo.
-9	Fuerza el kill de un proceso.

b) Matar proceso (-9) número de proceso 1980.

kill -9 1980

ps aux

jobs

c) Mantar un proceso.

kill SIGKILL 1001

kill -9 1001

Terminar un proceso.

kill -15   1002

kill SIGTERM 1002

d) Ayuda.

killall --help

e) Listar todas las señales.

killall -l

HUP INT QUIT ILL TRAP ABRT IOT BUS FPE KILL USR1 SEGV USR2 PIPE ALRM TERM STKFLT CHLD CONT STOP TSTP TTIN TTOU URG XCPU XFSZ VTALRM PROF WINCH IO PWR SYS UNUSED

f) Enviar una señal a un proceso.

killall -s   SIGKILL mio

killall [opciones] nombre_fichero	
-s	Enviar una señal a un proceso.
-l	Lista de las señales.

g) Usando el nombre de un proceso. La señal a envía por defecto es SIGTERM.

killall ejemplo001

killall mysqld

h) Matar un proceso que no responde, enviando el número de una señal.

killall 9 mio

i) Ayuda

pkill --help

apt-get install x11-utils
y funciona con htop
apt-get install htop

j) Borrado por defecto

pkill ejemplo02

pkill mysqld

k) Matar un proceso seleccionando la ventana con el ratón, transformado en una calavera.

xkill

PASO 5: Identificar/matar el proceso que está accediendo el archivo.

Mostrar que procesa utilizar los llamados archivos, sockets, o sistemas de archivos. Identifica los procesos que hacen uso de un los dispositivos.

fuser

a) Ayuda.

fuser --help

b) Defecto. PID nos muestra el proceso que muestra que mi propio usuario está usando ese directorio.

fuser .

c) Listar el nombre de las señales disponibles.

fuser -l

```
HUP  INT  QUIT  ILL  TRAP  ABRT  IOT  BUS  FPE  KILL
USR1  SEGV  USR2  PIPE  ALRM  TERM  STKFLT  CHLD  CONT
STOP  TSTP  TTIN  TTOU  URG  XCPU  XFSZ  VTALRM  PROF
WINCH  IO  PWR  SYS  UNUSED
```

d) Mostar los archivos no utilizados.

```
root@profesor:/home/alumno# fuser -m /run
/run:                          1     191m    221    502
511    514    531    532    546    581   1032   1038
1266   1577   1812   2141   3364   3422   3482
```

e) Si lo ejecutamos sobre un socket. Nos dará esta valiosa información. Como por ejemplo en el puerto 80 que arranca.

```
fuser -v -n tcp 80 webs
root@profesor:/home/alumno# fuser -v  -4 tcp 80
El nombre especificado tcp no existe.
El nombre especificado 80 no existe.
```

f) Matar procesos selectivos de forma interactiva.

fuser [-fMuvw] [-a|-s] [-4|-6] [-c|-m|-n SPACE] [-k [-i] [-SIGNAL]] NAME	
OPCIÓN	DESCRIPCIÓN
-a	Mostrar los archivos no utilizados también.
-i	Pregunte antes de matar (ignorado sin -k)
-k	Matar a los procesos de acceso a archivo llamado.
-l	Lista de nombres de las señales disponibles.
-m	Montar mostrar todos los procesos mediante los sistemas de archivos con nombre o dispositivo de bloque.
-M	Cumplir solicitud sólo si NAME es un punto de montaje.
-n	Buscar en el espacio de nombres en este espacio de nombres (archivo, udp o tcp).
-s	Funcionamiento silencioso.
-signal	Enviar esta señal es lugar de SIGKILL.
-u	ID del usuario de pantalla.
-v	Salida detallada.
-w	Matar solo los procesos con acceso de escritura.
-V	Información de la versión en pantalla.
-4	Buscar solo en zócalos IPv4
-6	Buscar solo en zócalos IPv6
-	Opciones de reinicio.

fuser -v -i -k webs

PASO 6: Lanzar un proceso de parada.

sleep

a)   Ayuda.

sleep --help

b)   Asignar un valor por defecto.

sleep tiempo

sleep 1000

PASO 7: Lanzar un proceso en segundo plano.

La ejecución en **primer plano** es la ejecución normal, es decir, que el intérprete no admite otro comando hasta que se haya terminado de ejecutar el proceso en curso.

En un terminal **sólo se permite la ejecución de un único proceso en primer plano.**

El intérprete permite ejecutar más de un proceso en segundo plano.

Background, es ejecutar un proceso en segundo plano, existen diferentes formas de lanzar un proceso en segundo plano.

bg orden

orden &

CTRL+Z

a)   Ayuda bg.

bg --help

b)   Lanzar dos procesos en Segundo plano.

bg sleep 1000

sleep 1000 &

c)   Detener un proceso en ejecución, en primer plano, pasarlo a estado stopped.

sleep 2000

pulsamos **^Z** y el proceso pasa a estado parado (stopped)

 # jobs

....

[5]+ Detenido   sleep 2000 &

Lo pasamos a segundo plano una vez realizada la parada del proceso, con bg más con **%** y el número del trabajo.

bg   %5

El proceso [5] que está detenido pasa a ejecutarse en segundo plano.

bg [opciones] [proceso]	
-l	Informa del identificador del grupo de proceso y la carpeta de trabajo de las operaciones.
-p	Informa únicamente del identificador del grupo de proceso de las operaciones.
-x	Sustituye cualquier job_id encontrado en el comando o argumentos con el identificador de grupo de proceso correspondiente, después ejecuta el comando dándole argumentos.
job	Especifica el proceso que quiere ejecutarse en segundo plano.

PASO 8: Visualizar los procesos en segundo plano.

jobs

a)   Ayuda.

jobs --help

b)   Consultar los procesos en ejecución en segundo plano.

jobs

[1]+ Ejecutando   sleep 2999 &

jobs [opciones]	
-l	Informa del identificador del grupo de proceso y la carpeta de trabajo de las operaciones.
-n	Muestra sólo los trabajos que se han detenido o cerrado desde la última notificación.
-p	Muestra sólo el identificador de proceso para los líderes de grupo de procesos de los trabajos seleccionados.

PASO 9: Pasar un proceso de segundo plano a primer plano.

fg

a)   Ayuda.

fg --help

b)   Foreground.

fg (jobs)

c)   Visualizar primero los procesos en ejecución en segundo plano, identificar el número [2] de proceso que deseas ejecutar en primer plano.

jobs

fg 2

fg [especifica proceso]

PASO 10: Los niveles de ejecución de usuarios.

Los niveles de ejecución se encuentran contemplados entre los siguientes valores: -20....0 ...19   niveles de ejecución el -20 tiene mayor prioridad de ejecución 19 menor prioridad, lo normal es lanzar un proceso con prioridad 0, o superior (0..19), el resto de los niveles, por defecto los controla el planificador de procesos o Shellduler.

nice   visualizar

renice   reasignar/cambiar

a)   Ayuda.

nice --help

renice --help

b)   Visualizar el nivel de ejecución que tiene un usuario.

nice

c)   Asignar el nivel de ejecución de los procesos de este usuario, el valor por defecto para un usuario es 10.

nice -n 5
d) Reasignar el nivel de prioridad de ejecución a un proceso.
renice -n -2 -p 1834
e) Reasignar el nivel de prioridad de ejecución a un usuario.
renice -n 4 -u alumno3
f) Reasignar el nivel de prioridad de ejecución a un grupo.
renice -n -2 -g smr1

renice [-n] <priority> [-p] <pid>	<pid> ...		
renice [-n] <priority> -g <pgrp>	<pgrp> ...		
renice [-n] <priority> -u <user>	<user> ...		
Opción	**Descripción**
-g	Interpretar como grupo de proceso ID.
-n	Establecer el valor mínimo de incremento.
-p	Fuerza para ser interpretado como ID del proceso.
-u <name|id>	Interpretar como nombre de usuario o ID de usuario.

PASO 11: Lanzar un proceso y que no termine aunque reinicie el equipo.

nohup
a) Ayuda.
nohuh --help
b) Lanzar un proceso y perdure aunque se reinicie el sistema.
nohup sleep 1000
nohup

PASO 12: Parar un proceso en ejecución.

stop
a) Ayuda.
stop --help
b) Para un proceso por su PID, por su identificación del proceso. (ej.: PID =4587).
stop 4587

PASO 13: Cambiar al sistema de nivel de ejecución.

El nivel de ejecución argumento debería ser uno de los niveles de ejecución multiusuario **2-5**, **0** para detener el sistema, **6** para reiniciar el sistema o **1** para que el sistema hacia abajo en modo de usuario único.

Normalmente se usaría la herramienta para detener o reiniciar el sistema, o para reducirla a modo de un solo usuario.

El nivel de ejecución también puede ser **S** o **s** que se coloque el sistema directamente en el modo de un solo usuario sin tener que detener los procesos en primer lugar, no suele ser lo deseado.

telinit
a) Ayuda.
telinit --help
b) Cambiar al modo 5.
telinit 5
c) Reiniciar el sistema ("init 6").
telinit 6
d) Cambiar en modo usuario.
telinit S
telinit s
e) Cambiar a nivel de ejecución detener equipo.
init 0
f) Cambiar a nivel de ejecución de reinicio de equipo.
init 6
g) Reiniciar el equipo a nivel de monousuario.
init 1
h) Nivel de ejecución multiusuario actualmente, para muchas versiones como Ubuntu el nivel que tiene es 5.
init 5
i) Comunicar a init que debe de reexaminar el archivo /etc/inittab
telinit q
telinit Q
j) Realizar la acción transcurridos un número de segundos ej.: 30 seg.
telinit -t 30 Q

init, telinit	
Sintaxis: **init [-a] [-s] [b] [-z xxx] [0123456Ss]**	
telinit [-t seg] [0123456sSQqabcUu]	
0, 1, 2, 3, 4, 5 o 6	Niveles init que cambie al nivel de ejecución especificado.
un , b , c	Comunicar a init que procese sólo con aquellos entradas en /etc/inittab que tienen el nivel de ejecución de un , b , o c .
Q o q	Comunicarle a init para reexaminar el archivo /etc/inittab.
S o s	Comunicarle a init que cambie a modo de usuario único.
U o u	Se comunica a init para volver a ejecutarse (preservando el estado). No volver a examinar el archivo /etc/inittab. Nivel de ejecución debe ser uno de S , s , 1 , 2 , 3 , 4 , o 5 , de lo contrario petición sería ignorada en silencio.

Niveles runlevel
Runlevel 0 es detener
Runlevel 1 es monousuario
Runlevel 2-5 son multiusuario
Runlevel 6 es reinicio

PASO 14: Contenido del fichero /etc/inittab.

Al iniciar el sistema o cambiar los niveles de ejecución con el comando **init** o **shutdown**, el daemon **init** inicia los procesos mediante la lectura de la información del archivo **/etc/inittab**. Este archivo define estos puntos importantes para el proceso **init**:

- Que el proceso init se reiniciará.
- Qué procesos se deben iniciar, supervisar e reiniciar si se terminan.
- Qué acciones se deben realizar cuando el sistema ingresa a un nuevo nivel de ejecución.

Cada entrada en el archivo **/etc/inittab** tiene los siguientes campos:

id :rstate :action :process

Descripciones de campos para el archivo inittab.

CAMPO	DESCRIPCIÓN
id	Es un identificador único para la entrada.
rstate	Muestra los niveles de ejecución a los que se aplica esta entrada.
action	Identifica el modo en que el proceso que está especificado en el campo del proceso se ejecutará. Los valores posibles incluyen: sysinit, boot, bootwait, wait y respawn.
process	Define el comando o la secuencia de comandos para ejecutar.

```
[root@localhost ~]# cat /etc/inittab
# inittab is no longer used when using systemd.
#
# ADDING CONFIGURATION HERE WILL HAVE NO EFFECT ON YOUR SYSTEM.
#
# Ctrl-Alt-Delete is handled by /usr/lib/systemd/system/ctrl-alt-
del.target
#
# systemd uses 'targets' instead of runlevels. By default, there are
two main targets:
#
# multi-user.target: analogous to runlevel 3
# graphical.target: analogous to runlevel 5
#
# To view current default target, run:
# systemctl get-default
#
# To set a default target, run:
# systemctl set-default TARGET.target
#
```

PASO 15: Buscar en la lista de procesos un PID a partir del nombre.

Busca en la lista de procesos para localizar el PID a partir del nombre (similar a `ps | grep`)

a) Ayuda.

   pgrep --help

b) Busca por el nombre completo

   root@svralmacen:~# pgrep -f baldo
         29014
         29117

c) Coincide con lo id REALES.

   root@svralmacen:~# pgrep -U 0
         1
         2
         ....
         29128
         29129

d) Visualización inversa con ID REALES

   pgrep -v -U 0

e) Cuenta los procesos coincidente con el proceso.

   root@svralmacen:~# pgrep -c login
         2

f) Lista complete de los procesos

   pgrep   -l   -u 0
   pgrep   -a -u 0
   pgrep   -f -u 0
   1060 /bin/login –
   1282 /usr/sbin/smbd
   1083 /usr/sbin/ sshd -D
   pgrep -a -w -U 0

g) Listar todos los procesos de eterminal tty.

   tty
   /dev/tty
   pgrep -a -t tty1

pgrep [opciones] <patrón>	
Opciones	Descripción
-d, --delimiter <cadena>	especificar el delimitador de salida
-l, --list-name	list PID y nombre del proceso
-a, --list-full	lista completa PID y línea de comando completa
-v, --inverse	niega el emparejamiento
-w, --lightweight	lista todos TID
-c, --count	de conteo de procesos de coincidencia
-f, --full	usa el nombre completo del proceso para que coincida
-g, --pgroup <PGID, ...>	coincide con ID de grupo de proceso enumerados
-G, --group <GID, ...>	coincide con ID de grupo real
-i, --ignore-case	match case insensiblemente
-n, --newest	selección más reciente comenzó más recientemente
-o, --olddest	más antiguo seleccionado menos recientemente iniciado
-P, --parent <PPID, ...>	coincide con procesos secundarios únicos del padre dado
-s, --session <SID, ...>	coincide con los ID de sesión
-t, --terminal <tty, ...>	coincide con el terminal de control
-u, --euid <ID, ...>	coincide con ID efectivos
-U, --uid <ID, ...>	coincide con ID reales
-x, --exact	exactamente con el nombre del comando
-F, --pidfile <archivo>	leer PID del archivo
-L, --logpidfile	falla si el archivo PID no está bloqueado
--ns <PID>	coincide con los procesos que pertenecen a la misma espacio de nombres como <pid>
--nslist <ns, ...>	lista qué espacios de nombres se considerarán la opción –ns. Espacios de nombres disponibles: ipc, mnt, net, pid, user, uts

PASO 16: Se ejecuta un comando reemplazando al Shell desde el que se lanza.

El comando **exe** se usa para:

- Reemplazar el shell con un programa dado (ejecutándolo, no como un proceso nuevo), establecer redirecciones para que el programa se ejecute o para el shell actual.
- Manejar usan redirecciones, las redirecciones afectan al shell actual sin ejecutar ningún programa.

a) Ejecuta un comando reemplazando al shell desde el que se lanza el comando exec, ejemplo el Shell actual puede ser /bin/bash y se desea lanzar el /bin/csh. Cambiar el Shell de ejecución de un comando.

```
exec  -a /bin/csh  ls  /  -l  |less
```

b) Ejecutar en línea de comandos. Utilizando direccionamientos, el contenido de date forma parte del fichero y se termina el fichero al ejecutar el comando exit, visualizamos el contenido del fichero

```
# bash
# exec  > fichero
# date
# exit
$ sudo  -i
password for baldo:  **********
# ls
total 8
-rw-r--r--  1 root root  31  may  16 03:34 fichero
-rw-r--r--  1 root root   0  may  16 02:25 salidaaa.txt
-rw-r--r--  1 root root 471  nov  26 08:49 tmpfs
cat fichero
mié may 16 03:34:48 CEST 2018
```

c) Comprobar la ejecución de una entrada a un fichero de salida e interactuar como redireccionamiento y ejecución a otro comando. Se visualizar posteriormente el fichero.

```
# echo   Buenos días que tal estas  > /tmp/salida
# exec  wc  -c  <  /tmp/salida
# cat   /tmp/salida
```

exec [-a NAME] [-cl] [COMMAND] [ARG ...] [REDIRECTION ...	
Opción	Descripción
-a NAME	Pasa NAMEcomo argumento cero para que se ejecute el programa
-c	Ejecute el programa con un entorno vacío (despejado)
-l	Prefiere un guion (-) al argumento zeroth del programa a ejecutar, similar a lo que hace el loginprograma

ANEXOS

- *Resumen de comandos y archivos de administración de usuarios en Linux.*

- *BiblioWeb.*

- *Recopilación de algunos de los comandos Linux más usados.*

- *Acrónimos.*

Resumen de comandos y archivos de administración de usuarios en Linux.

DESCRIPCIÓN:

Existen varios comandos más que se usan muy poco en la administración de usuarios, que sin embargo permiten administrar aún más a detalle a tus usuarios de Linux. Algunos de estos comandos permiten hacer lo mismo que los comandos previamente vistos, solo que de otra manera, y otros como 'chpasswd' y 'newusers' resultan muy útiles y prácticos cuando de dar de alta a múltiples usuarios se trata.

A continuación te presento un resumen de los comandos y archivos vistos en este tutorial más otros que un poco de investigación.

Comandos de administración y control de usuarios	
adduser	Ver useradd
chage	Permite cambiar o establecer parámetros de las fechas de control de la contraseña.
chpasswd	Actualiza o establece contraseñas en modo batch, múltiples usuarios a la vez. (se usa junto con newusers)
id	Muestra la identidad del usuario (UID) y los grupos a los que pertenece.
gpasswd	Administra las contraseñas de grupos (/etc/group y /etc/gshadow).
groupadd	Añade grupos al sistema (/etc/group).
groupdel	Elimina grupos del sistema.
groupmod	Modifica grupos del sistema.
groups	Muestra los grupos a los que pertenece el usuario.
newusers	Actualiza o crea usuarios en modo batch, múltiples usuarios a la vez. (se usa junto chpasswd)
pwconv	Establece la protección shadow (/etc/shadow) al archivo /etc/passwd.
pwunconv	Elimina la protección shadow (/etc/shadow) al archivo /etc/passwd.
useradd	Añade usuarios al sistema (/etc/passwd).
userdel	Elimina usuarios del sistema.
usermod	Modifica usuarios.

Archivos de administración y control de usuarios	
.bash_logout	Se ejecuta cuando el usuario abandona la sesión.
.bash_profile	Se ejecuta cuando el usuario inicia la sesión.
.bashrc	Se ejecuta cuando el usuario inicia la sesión.
/etc/group	Usuarios y sus grupos.
/etc/gshadow	Contraseñas encriptadas de los grupos.
/etc/login.defs	Variables que controlan los aspectos de la creación de usuarios.
/etc/passwd	Usuarios del sistema.
/etc/shadow	Contraseñas encriptadas y control de fechas de usuarios del sistema.
/etc/inittab	Este archivo define estos puntos importantes para el proceso init.
/etc/fstab	Lista de discos y particiones disponibles, se indica como montar cada dispositivo y qué configuración utilizar.
/etc/mtab	Contiene un listado de los sistemas de archivos actualmente montados.
/etc/resolv.conf	Contiene las direcciones IP de los servidores de nombres (DNS name resolvers) que tratarán de traducir los nombres a direcciones para cualquier nodo disponible de la red.
/etc/newtworks/interfaces	Dar a su tarjeta de red una dirección IP (o usar dhcp), establecer la información de enrutamiento, configurar el enmascaramiento IP, poner las rutas por defecto.
/etc/hostname	Almacena el nombre principal de un equipo.
/etc/apt/sources.list	Listan las "fuentes" o "repositorios" disponibles de los paquetes de software candidatos a ser: actualizados, instalados, removidos, buscados, sujetos a comparación de versiones, etc.
/proc/meminfo	Contiene la información de la memoria RAM.
/proc/cpuinfo	Muestra toda la información de nuestro procesador y en el caso de ser de doble núcleo, aparece como si fueran dos.
/etc/inittab	Cambiar los niveles de ejecución.
/var/run/utmp	Registra los usuarios conectados con el sistema en tiempo real.
/var/log/wtmp	Contiene las estructuras de ciertos ficheros log como lastlog.
/etc/shells	Listado de intérpretes de comandos admitidos.
/etc/tercamp	La base de datos de capacidades del terminal.
/etc/motd	Contiene el mensaje del día, que se emite automáticamente tras iniciar una sesión con éxito en el servidor ftp.

BiblioWeb

Refencias Web

Sistema Operativo /Concepto	URLs	
Android para PC	http://www.android-x86.org/download http://developer.android.com/index.html	
Ayudas	http://manpages.ubuntu.com/manpages/dapper/es/ http://es.hscripts.com/tutoriales/linux-commands/head.html http://cmaverick.wordpress.com/comandos-linux/ http://es.kioskea.net/faq/3435-linux-comandos-para-monitorear-el-sistema http://www.alcancelibre.org http://www.elblogderigo.info/2013/12/12/muchos-tips-trucos-y-mas-para-linux/ http://www.bdat.net/shell/book1.html https://ayudalinux.com/acelerar-la-descarga-paquetes-ubuntudebian-apt-fast	
CentOS	http://www.centos.org/download/	
Controladores Gráficos	https://wiki.archlinux.org/index.php/Xorg_(Espa%C3%B1ol)	
Debian	https://www.debian.org/distrib/ http://www.debian.org/doc/manuals/apt-howto/index.es.html	
Edubuntu	https://edubuntu.org/download	
Fedora	http://fedoraproject.org/get-fedora	
Lubuntu	https://help.ubuntu.com/community/Lubuntu/GetLubuntu/	
Mint	http://www.linuxmint.com/download.php	
Putty	http://www.putty.org/	
Repositorios para Slackware	http://connie.slackware.com/~alien/slackbuilds/ http://rlworkman.net/pkgs/ http://www.slacky.eu/	por Alien por Robby Por la comunidad Italiana
Slackware	http://mirrors.slackware.com/slackware/	
Suse	https://download.suse.com/index.jsp	
Ubuntu	http://www.ubuntu.com/download/desktop	
Apuntes Script	http://persoal.citius.usc.es/tf.pena/ASR/Tema_2html/	
Sistemas de Ficheros	http://somebooks.es/capitulo-3-estructura-del-sistema-operativo/7/ https://wiki.archlinux.org/index.php/fstab	

Recopilación de algunos de los comandos LINUX más usados.

A

addgroup	Shell Script que permite agregar un grupo.
adduser	Shell Script para crear un usuario.
alias	En ciertas ocasiones se suelen utilizar comandos que son difíciles de recordar o que son demasiado extensos, pero en UNIX existe la posibilidad de dar un nombre alternativo a un comando con el fin de que cada vez que se quiera ejecutar, sólo se use el nombre alternativo.
apt-cache search (texto)	Muestra una lista de todos los paquetes y una breve descripción relacionado con el texto que hemos buscado.
apt-get dist-upgrade	Función adicional de la opción anterior que modifica las dependencias por la de las nuevas versiones de los paquetes.
apt-get install (paquetes)	Instala paquetes.
apt-get remove (paquete)	Borra paquetes. Con la opción –purge borramos también la configuración de los paquetes instalados.
apt-get update	Actualiza la lista de paquetes disponibles para instalar.
apt-get upgrade	Instala las nuevas versiones de los diferentes paquetes disponibles.
at	Realiza una tarea programada una sola vez.
atop	Monitorizar la ejecución de procesos.

B

bash, sh	Existen varias shells para Unix, Korn-Shell (ksh), Bourne-Shell (sh), C-Shell (csh),bash.
bg	Manda un proceso a segundo plano.
biosdecode	Analiza la memoria del BIOS e imprime la información sobre todas las estructuras (o puntos de entrada).

C

cal, ncal	Muestra el calendario.
calendar	Muestra las efemérides de una fecha del calendario.
cat	Muestra el contenido del archivo en pantalla en forma continua, el prompt retornará una vez mostrado el contenido de todo el archivo. Permite concatenar uno o más archivos de texto.
cd	Cambia de directorio.
chattr	Cambiar atributos de un fichero.
chgrp	Cambia el grupo al que pertenece el archivo.
chmod	Utilizado para cambiar la protección o permisos de accesos a los archivos. r:lectura w:escritura x:ejecución +: añade permisos -:quita permisos u:usuario g:grupo del usuario o:otros.
chown	Cambia el propietario de un archivo.
chroot	Nos permite cambiar el directorio raíz.
clear	Limpia la pantalla, y coloca el prompt al principio de la misma.
cmp, diff ,comm	Permite la comparación de dos archivos, línea por línea. Es utilizado para comparar archivos de datos.
cp	Copia archivos en el directorio indicado.
crontab	Realizar una tarea programada de forma regular.
ctop	Permite monitorizar procesos, ofrece una vista dinámica de la actividad del procesador en tiempo real.
cut	Tiene como uso principal mostrar una columna de una salida determinada. La opción -d va seguida del delimitador de los campos y la opción -f va seguida del número de campo a mostrar. El "delimitador" por defecto es el tabulador, nosotros lo cambiamos con la opción -d. Tiene algunas otras opciones útiles.

D

date	Retorna el día, fecha, hora (con minutos y segundos) y año.
df	Muestra los sistemas de ficheros montados.
dmesg	Muestra los mensajes del kernel durante el inicio del sistema.
dmidecode	Permite conocer a fondo el hardware de nuestro equipo, tal como se describe en la BIOS del sistema según el SMBIOS / DMI estándar SMBIOS; el cual significa "System Management BIOS" y DMI significa "Desktop Management Interface"
dpkg-reconfigure (paquetes)	Volver a reconfigurar un paquete ya instalado.
du	Sirve para ver lo que me ocupa cada directorio dentro del directorio en el que me encuentro y el tamaño total.

E

echo	Muestra un mensaje por pantalla.
eject	Mediante la utilización de este comando se conseguirá la expulsión de la unidad de CD, siempre y cuando esta no esté en uso.
env	Para ver las variables globales.
exit	Cierra las ventanas o las conexiones remotas establecidas o las conchas abiertas. Antes de salir es recomendable eliminar todos los trabajos o procesos de la estación de trabajo.
egrep	Buscar y encontrar en uno o más archivos líneas que coincidan con la cadena o palabra dadas.
exec	Permite ejecutar un comando, con otro Shell diferente al que se ejecuta el comando exec (o actual).

F

fdisk,cfdisk	Visualizar y establecer particiones, tipo sistemas de ficheros y todo lo referente al MBR.
fg	Manda un proceso a primer plano.
file	Determina el tipo del o los archivo(s) indicado(s).
find	Busca los archivos que satisfacen la condición en el directorio indicado.
finger	Permite encontrar información acerca de un usuario.
free	Muestra información sobre el estado de la memoria del sistema, tanto la swap como la memoria física. También muestra el buffer utilizado por el kernel.
fgrep	Buscar en uno o más archivos líneas que coincidan con la cadena o palabra dadas. fgrep es más rápido que la búsqueda grep, pero menos flexible: sólo puede encontrar texto, no expresiones regulares.
fsck	Para chequear si hay errores en nuestro disco duro.

G

gdisk, cgdisk	Visualizar y establecer particiones, tipo sistemas de ficheros y todo lo referente al MBR, GPT y otros.
gpasswd	Facilita la tarea de administrar un grupo de usuarios.
grep	Su funcionalidad es la de escribir en salida estándar aquellas líneas que concuerden con un patrón. Busca patrones en archivos.
gzip	Comprime solo archivo utilizando la extensión .gz.
groupadd	Crea un nuevo grupo de usuarios.
groupdel	Elimina un grupo de usuarios.
groupmod	Modifica un grupo de usuarios.
groups	Muestra los grupos a los que pertenece el usuario.

H

halt	Permite apagar, reiniciar el equipo y a su vez sincronizar.
head	Muestra las primeras líneas de un fichero.
history	Lista los más recientes comandos que se han introducido en la ventana. Es utilizado para repetir comandos ya tipeados, con el comando!
hostid	Muestra el identificador numérico del host actual en hexadecimal.
hostname	Muestra o establece el nombre del equipo o máquina.

I

id	Número id de un usuario.
ifconfig	Obtener información de la configuración de red.
info, infotext	Muestra la información sobre los comandos en una pantalla navegable equivalente a man.
init	Cambia el nivel de ejecución RUNLEVEL.

J

job	Lista los procesos que se están ejecutando en segundo plano.

K

kill	Permite interactuar con cualquier proceso mandando señales. Kill (pid) termina un proceso y Kill -9 (pid) fuerza a terminar un proceso en caso de que la anterior opción falle.
killall	Envía una señal a todos los procesos con el mismo nombre.

L

last	Este comando permite ver las últimas conexiones que han tenido lugar.
less	Muestra el archivo de la misma forma que more, pero puedes regresar a la página anterior presionando las teclas "u" o "b".
ln	Sirve para crear enlaces a archivos, es decir, crear un fichero que apunta a otro. Puede ser simbólico si usamos -s o enlace duro.
lock	Permite bloquear el terminal, para ello pide un password, dos veces.
locate	Localiza archivos consultando la base de datos updatedb.
logout	Las sesiones terminan con el comando logout.
logname	Muestra el login actual.
last	Lista los últimos usuarios conectados al sistema.
lastb	Muestra los accesos fallidos de la conexión(es) de un usuario.
lastlog	Muestrar la última hora de conexión de las cuentas del sistema. La información de acceso se lee del archivo /var/log/lastlog.
less	Visualizar los ficheros por páginas y permite el avance y el retroceso. Permite el acceso de filtros.
ls	Lista los archivos y directorios dentro del directorio de trabajo.
lsattr	Ver atributos de un fichero.
lshal	Visualización de los elementos en la base de datos del dispositivo HAL.
lsmod	Muestra los módulos cargados en memoria.
lsoff	Lista los ficheros abiertos en el sistema.
lspci	Lista todos los componentes tipo pci (Peripheral Component Interconnec).
lsusb	Muestra todos los dispositivos USB conectados.
lwclock	Utilidad para acceder al reloj de Hardware.

M

man	Ofrece información acerca de los comandos o tópicos del sistema UNIX, así como de los programas y

	librerías existentes.
mesg	Activa o anula la emisión de mensajes con write.
mkdir	Crea un nuevo directorio.
mknod	Crear ficheros especiales de dispositivos de caracteres/bloques.
mv	Este comando sirve para renombrar un conjunto.
more	Muestra el archivo en pantalla. Presionando enter, se visualiza línea por línea. Presionando la barra espaciadora, pantalla por pantalla. Si desea salir, presiona q.
mount	En Linux no existen las unidades A: ni C: sino que todos los dispositivos "cuelgan" del directorio raíz /. Para acceder a un disco es necesario primero montarlo, esto es asignarle un lugar dentro del árbol de directorios del sistema.
mtop	Permite monitorizar la ejecución de los procesos en tiempo real, aplicación externa.
mv	Mueve archivos o subdirectorios de un directorio a otro, o cambiar el nombre del archivo o directorio.

N

nano	Editor de texto en la línea de orden, editor parecido al WordPerft (igual pico).
newgrp	Permite cambiar del usuario actual a otro grupo (necesitamos saber la contraseña).
nice	Permite cambiar la prioridad de un proceso en nuestro sistema.
nohup	Permite que un proceso continúe su ejecución al reiniciar el equipo, si durante la ejecución ocurrió una caída del sistema, este retornará al punto de ejecución que se quedó antes de la caída.

O

No se trata ninguna orden con esta letra.

P

passwd	Se utiliza para establecer la contraseña a un usuario.
paste	Une lateralmente dos ficheros.
pico	Editor de texto en la línea de orden igual que nano.
ping	El comando ping se utiliza generalmente para testear aspectos de la red, como comprobar que un sistema está encendido y conectado; esto se consigue enviando a dicha máquina paquetes ICMP. El ping es útil para verificar instalaciones TCP/IP. Este programa nos indica el tiempo exacto que tardan los paquetes de datos en ir y volver a través de la red desde nuestro PC a un determinado servidor remoto.
pg	Permite visualizar ficheros de texto plano en scroll, con desplazamiento de edición, idéntico a more.
pgrep	Permite realizar búsqueda de procesos en ejecución, por su ID o nombre (equivalente ps|grep).
pmap	Informe de mapa de memoria de un proceso(s).
poweroff	Apagar el ordenador.
ps	Muestra información acerca de los procesos activos. Sin opciones, muestra el número del proceso, terminal, tiempo acumulado de ejecución y el nombre del comando.
pstree	Muestra un árbol de procesos.
pwck	Verificar la integridad de los archivos de contraseñas.
pwd	Muestra el directorio actual de trabajo.

Q

Aun no se ha tratado ningún comando que comience con esta letra.

R

reboot	Reiniciar el sistema se llama cuando el sistema *no* está en niveles 0 o 6, en condiciones normales.
reset	Si observamos que escribimos en pantalla y no aparece el texto pero al pulsar enter realmente se está escribiendo, o que los colores o los textos de la consola se corrompen, puede ser que alguna aplicación en modo texto haya finalizado bruscamente no restaurando los valores estándar de la consola al salir. Con esto forzamos unos valores por defecto, regenerando la pantalla.
rlogin	Conectan un host local con un host remoto.
rm	Remueve o elimina un archivo.
rmdir	Elimina el directorio indicado, el cual debe estar vacío.
rmmod	Descarga de memoria un módulo, pero sólo si no está siendo usado.
renice	Redefine la prioridad del usuario.
route	El comando route se utiliza para visualizar y modificar la tabla de enrutamiento.

S

sar	Muestra estadística de paginación.
set	Para ver las variables de entorno.
slapt-get	Es un sistema basado en APT para el manejo de paquetes en la distribución Slackware GNU/**Linux**.
sleep	Lanzar un proceso durante un tiempo en milésimas de segundos.
shutdown	Apagado automático en Linux.
sort	Muestra el contenido de un fichero, pero mostrando sus líneas en orden alfabético.
ssh (Secure Shell Client)	Es un programa para conectarse en una máquina remota y ejecutar programas en ella. Utilizado para reemplazar el rlogin y rsh, además provee mayor seguridad en la comunicación entre dos hosts. El ssh se conecta al host indicado, donde el usuario de ingresar su identificación (login y password) en la máquina remota, la cual realiza una autentificación del usuario.
startx	Inicia el entorno gráfico (servidor X).
stop	Para un proceso.

stty	Visualiza los terminales tty conectados en serie.
su	Con este comando accedemos al sistema como root.
sum	Visualizar la suma de verificación de un archivo.
symlink	Manipulación enlace simbólico.
sync	Sincronizar los datos en el disco con la memoria.

T

tac	Permite visualizar el contenido de un fichero de texto plano en formato inverso, desde la última línea a la primera. Es el inverso a cat.
tail	Este comando es utilizado para examinar las últimas líneas de un fichero.
tar	Comprime archivos y directorios utilizando la extensión .tar.
telnet	Conecta el host local con un host remoto, usando la interfaz TELNET.
top	Muestra los procesos que se ejecutan en ese momento, sabiendo los recursos que se están consumiendo (Memoria, CPU,...).Es una mezcla del comando uptime, free y ps.
touch	Crea un archivo vacío.
tee	Permite redireccionar a múltiples ficheros, uso con filtros.
Telinit, init	Inicialización de control de procesos.
tty	Permite visualizar las consolas abiertas en tty o PTS0.

U

umask	Establece la máscara de permisos. Los permisos con los que se crean los directorios y los archivos por defecto.
umount	Desmontar unidades montadas. No necesita especificar el dispositivo solo el punto de montaje.
unalias	Borra un alias.
uname	Muestra la información del sistema.
uniq	Este comando lee un archivo de entrada y compara las líneas adyacentes escribiendo solo una copia de las líneas a la salida. La segunda y subsecuentes copias de las líneas de entrada adyacentes repetidas no serán escritas. Las líneas repetidas no se detectarán a menos que sean adyacentes. Si no se especifica algún archivo de entrada se asume la entrada estándar.
unset	Pone a cero el valor de las variables, si se consulta por ellas después de resetear las a cero se mostrará una cadena nula (una línea en blanco).
uptime	Nos indica el tiempo que ha estado corriendo la máquina.
useradd	Crea un nuevo usuario.
userdel	Borra usuario existente.
usermod	Modifica un usuario existente.
users	Muestra los usuarios conectados.

V

vi	Permite editar un archivo en el directorio actual de trabajo. Es uno de los editores de texto más usado en LINUX y antiguamente en UNIX.
view	Es similar al vi, solo que no permite guardar modificaciones en el archivo, es para leer el contenido del archivo.

W

wathis	Breve descripción de un comando.
wc	Cuenta los caracteres, palabras y líneas del archivo de texto.
whereis	Devuelve la ubicación del archivo especificado, si existe.
which	Busca la ubicación del comando en los directorios del Path (whereis).
who, w	Lista de quienes están conectado al servidor, con nombre de usuario, tiempo de conexión y el computador remoto desde donde se conecta.
whoami	Escribe su nombre de usuario en pantalla.
write	Enviar un mensaje al terminal de otro usuario.

X

xinit, startx	Arrancar o lanzar el servidor X Windows.

Y

yes	Escribe el carácter 'y' o el mensaje indefinidamente.
yum	El Yellowdog Updater, Modified (mmm) es un código abierto de línea de comandos de administración de paquete utilidad para Linux los sistemas operativos utilizando el gestor de paquetes RPM.

Z

zcat	Visualización el contenido de un fichero de texto, comprimido con formato zg.
zdiff, zcmp	Comparar ficheros comprimidos.
zmore, zless	Visualizar el contenido de ficheros de texto, se encuentra en formato zg.

Acrónimos.

AMD	Advanced Micro Devices, Inc. Empresa dedicada al desarrollo de microprocesadores y otros circuitos integrados.
AMD-V	AMD Virtualization.
API	Application Programming Interface. Interfaz programmable de aplicaciones.
APIC	Advanced Programmable Interrupt Controller, Control de interrupciones avanzado programable.
APM	Advanced Power Management, Administración Avanzada de Energía.
APT	Advanced Packaging Tool (Herramienta Avanzada de Empaquetado).
ARM	*Advanced RISC Machine.*
BIOS	Basic Input/Output System.
BSD	Berkeley Software Distribution o distribución de software Berkeley.
CIFS	Common Internet File System o sistema de archivos de Internet común.
CPU	Central Processing Unit.
EFS	Encrypting File System, sistema de ficheros encriptados.
ext3	Third extended filesystem o tercer sistema de archivos extendido.
ext4	Fourth extended filesystem o «cuarto sistema de archivos extendido.
FAT	File Allocation Table.
FTP	File Transfer Protocol. Protocolo de transferencia de archivos.
GID	Group Identifier.
GNOME	GNU Network Object Model Environment.
GPG	GNU Privacy Guard (GTnuPG o GPG) es una herramienta de cifrado y firmas.
GRUB	GNU GRand Unified Bootloader, es un gestor de arranque múltiple.
GUI	Globally Unique Identifier. Identificador Único global.
HTTP	The Hypertext Transfer Protocol.
IDE	Integrated Device Electronics.
IMEI	International Mobile Equipment Identity, Identidad Internacional de Equipo Móvil.
ISO	International Organization for Standardization.
KDE	K Desktop Environment o Entorno de Escritorio K.
LBA	Logical Block Addressing.
LILO	Linux Loader. Cargador de Linux.
LISP	LISt Processing.
LVM	Logical Volume Manager.
MFT	Master File Table. Tabla maestra de ficheros.
MS-DOS	MicroSoft Disk Operating System, Sistema operativo de disco de Microsoft.
NTFS	New Technology File System. Sistema de ficheros de nueva tecnología.
NX	*No eXecute*, Bit de Procesador, puede ser DX. Ayuda al procesador a proteger al equipo contra ataques de software malintencionado.
PAE	*Physical Address Extension.* Extensión de dirección física .Permite que los procesadores de 32 bits obtengan acceso a más de 4 GB de memoria física en versiones compatibles de Windows y es un requisito previo para NX.
RAID	Redundant Array of Independent Disks. Conjunto redundante de discos independientes.
RAM	Random Access Memory. Memoria de acceso aleatorio.
SAMBA	Server Message Block Protocol.
SATA	Serial Advanced Technology Attachment.
SGL	Es la base de la tecnología de Google para gráficos en móviles.
SSH	Secure Shell. Interprete de órdenes seguras.
SMB	*Server message block.* Bloque de mensajes de servidor.
SO	Sistema Operativo (OS Operating System).
SPARC	Scholarly Publishing and Academic Resources Coalition.
SQL	Structured Query Language.
SSL	Secure Sockets Layer.
UDI	Uniform Driver Interface.
UID	User ID.
VT-X	Enable Intel Virtualization Technology.
WOL	Wake On Lan. Es un estándar de redes de ordenadores Ethernet que permite encenderlos remotamente (están apagados).